Ae

中文版

After Effects 2023
入门教程

朱逸凡　罗雅琦　编著

人民邮电出版社

北　京

图书在版编目（CIP）数据

中文版After Effects 2023入门教程 / 朱逸凡，罗雅琦编著. -- 北京：人民邮电出版社，2024.1
ISBN 978-7-115-62795-7

Ⅰ．①中… Ⅱ．①朱… ②罗… Ⅲ．①图像处理软件—教材 Ⅳ．①TP391.413

中国国家版本馆CIP数据核字(2023)第188261号

内 容 提 要

这是一本全面介绍 After Effects 2023 基本功能及实际应用的书，内容包括认识 After Effects 2023、After Effects 2023 的工作流程、图层操作、关键帧动画、图层混合模式与蒙版、绘画工具与形状工具、文字动画、色彩校正、表达式动画、变速动画的编辑，以及插件特效综合实训、商业动画综合实训等。

本书共 12 章。第 1、2 章讲解了 After Effects 2023 的基本功能及工作流程。第 3～10 章以课堂训练为主线，通过对各个实例的实际操作进行讲解，帮助读者快速上手，熟悉软件功能和动画制作思路。最后两章分别是"插件特效综合实训"和"商业动画综合实训"，其中的实例在实际工作中经常会遇到，可以起到强化训练的作用。除前两章外，其他章最后一节均设有课后习题，可以帮助读者提高实际操作能力。

本书附带学习资源，内容包括课堂训练、课后习题和综合实训的素材文件、实例文件，以及 PPT 教学课件和在线教学视频。

本书既可作为初学者学习 After Effects 2023 的参考书，又可作为院校和培训机构相关专业的教材。

◆ 编　　著　朱逸凡　罗雅琦
　　责任编辑　张丹丹
　　责任印制　马振武

◆ 人民邮电出版社出版发行　　北京市丰台区成寿寺路 11 号
　　邮编　100164　　电子邮件　315@ptpress.com.cn
　　网址　https://www.ptpress.com.cn
　　北京瑞禾彩色印刷有限公司印刷

◆ 开本：700×1000　1/16
　　印张：13.25　　　　　　　　2024 年 1 月第 1 版
　　字数：374 千字　　　　　　2024 年 1 月北京第 1 次印刷

定价：69.80 元

读者服务热线：(010)81055410　印装质量热线：(010)81055316
反盗版热线：(010)81055315
广告经营许可证：京东市监广登字 20170147 号

After Effects 2023是Adobe公司推出的一款图形图像和视频处理软件，它具有强大的视频编辑功能，广泛应用于电影、电视、广告等领域。

为了让读者能够熟练地使用After Effects 2023进行图像、动画及各种特效的制作，本书从常用、实用的功能入手，结合具有针对性和实用性的实例，全面、深入地讲解After Effects 2023的功能及应用技巧。

下面就本书的一些情况做简要介绍。

内容特色

入门轻松：本书从After Effects 2023的基础知识入手，详细介绍After Effects 2023的常用功能及应用技巧，力求帮助零基础读者轻松入门。

由浅入深：本书结构层次分明、内容由浅入深，实例的设计遵从先易后难的模式，符合读者学习新技能的思维习惯，可以使读者快速熟悉软件功能和动画制作思路。

随学随练：本书第3~12章的结尾都安排了课后习题，读者在学完实例之后，可以继续完成课后习题，以加深对所学知识的理解。

版面结构

课堂训练：
主要讲解比较重要的知识点的实际应用，可以帮助读者快速掌握软件的相关功能。

课后习题：
针对对应章的某些重要内容进行巩固练习，用于提高读者独立进行设计的能力。

素材位置、实例位置：
列出了实例的素材文件和实例文件在学习资源中的位置。

综合实训：
针对本书的内容进行综合性的操作和讲解，比课堂训练更加完整，操作步骤也更复杂。

资源与支持

本书由"数艺设"出品，"数艺设"社区平台（www.shuyishe.com）为您提供后续服务。

配套资源

- 课堂案例、课后习题和综合案例的素材文件、实例文件
- 课堂案例、课后习题和综合案例的在线教学视频
- PPT教学课件和教学大纲

资源获取请扫码

（提示：微信扫描二维码关注公众号后，输入51页左下角的5位数字，获得资源获取帮助。）

"数艺设"社区平台，为艺术设计从业者提供专业的教育产品。

与我们联系

我们的联系邮箱是szys@ptpress.com.cn。如果您对本书有任何疑问或建议，请您发邮件给我们，并请在邮件标题中注明本书书名及ISBN，以便我们更高效地做出反馈。

如果您有兴趣出版图书、录制教学课程，或者参与技术审校等工作，可以发邮件给我们。如果学校、培训机构或企业想批量购买本书或"数艺设"出版的其他图书，也可以发邮件联系我们。

关于"数艺设"

人民邮电出版社有限公司旗下品牌"数艺设"，专注于专业艺术设计类图书出版，为艺术设计从业者提供专业的图书、视频电子书、课程等教育产品。出版领域涉及平面、三维、影视、摄影与后期等数字艺术门类，字体设计、品牌设计、色彩设计等设计理论与应用门类，UI设计、电商设计、新媒体设计、游戏设计、交互设计、原型设计等互联网设计门类，环艺设计手绘、插画设计手绘、工业设计手绘等设计手绘门类。更多服务请访问"数艺设"社区平台www.shuyishe.com。我们将提供及时、准确、专业的学习服务。

目录

第 11 章　插件特效综合实训 163

第 12 章　商业动画综合实训 181

第 1 章

认识 After Effects 2023

本章导读

    After Effects 2023是一款图形图像和视频处理软件，可用于制作图像、动画及各种特效等。本章主要介绍After Effects 2023的工作界面、功能面板与常用首选项的设置方法等。

学习目标

◆ 了解 After Effects 2023 的工作界面。

◆ 了解 After Effects 2023 的功能面板。

◆ 了解 After Effects 2023 常用首选项的设置。

1.1 After Effects 2023的工作界面

本节主要介绍After Effects 2023的工作界面，读者需要熟悉After Effects 2023的标准工作界面和掌握打开、关闭、显示面板或窗口的方法。

1.1.1 工作界面

启动After Effects 2023，进入该软件的工作界面，如图1-1所示。初次启动软件显示的是标准工作界面，也就是软件默认的工作界面。

标题栏　　　菜单栏　　　"工具"面板　　　"合成"面板

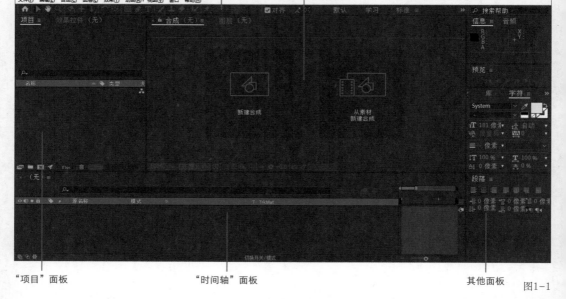

"项目"面板　　　　　　　"时间轴"面板　　　　　　　其他面板

图1-1

从图1-1可以看出，After Effects 2023的标准工作界面很简洁，布局也非常清晰。总体来说，标准工作界面主要由7部分组成。

- » **标题栏**：主要用于显示软件名称、软件版本和项目名称等。
- » **菜单栏**：包含"文件""编辑""合成""图层""效果""动画""视图""窗口""帮助"9个菜单。
- » **"工具"面板**：主要集成了选取工具、缩放工具、旋转工具、文字工具、钢笔工具等常用工具，该面板使用频率非常高，是After Effects 2023中非常重要的面板。
- » **"项目"面板**：主要用于管理素材和合成，是After Effects 2023的四大功能面板之一。
- » **"合成"面板**：主要用于查看和编辑素材。
- » **"时间轴"面板**：主要用于控制图层的效果或运动，是After Effects 2023的核心部分。
- » **其他面板**：这部分面板比较复杂，主要有"信息""音频""预览""效果和预设"面板等。

1.1.2 打开、关闭、显示面板

执行"窗口"菜单中的命令，如图1-2所示，可以打开相应的面板。单击面板名称右侧的按钮▤，然后执行"关闭面板"命令，如图1-3所示，可以关闭面板。

图1-2　　　　　　　　图1-3

当一个群组包含过多的面板时，有些面板的标签会被隐藏起来，这时群组的标签栏中就会显示按钮▶▶，如图1-4所示。单击该按钮，会显示隐藏的面板。

图1-4

1.2 After Effects 2023的功能面板

本节讲解After Effects 2023的四大功能面板，分别是"项目"面板、"合成"面板、"时间轴"面板和"工具"面板。

1.2.1 "项目"面板

"项目"面板主要用于管理素材与合成。在"项目"面板中可以查看每个合成或素材的大小、持续时间、帧速率等相关信息，如图1-5所示。

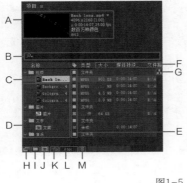

图1-5

面板组成元素详解

• A：在这里可以查看被选择的素材的信息，包括素材的分辨率、持续时间、帧速率和格式等。

• B：利用这个功能可以搜索需要的素材或合成。当"项目"面板中的素材比较多且难以查找的时候，这个功能非常有用。

• C：预览选中文件的第1帧画面，如果是视频，双击即可预览整个视频。

• D：被导入的文件叫作素材，素材可以是视频、图片、序列和音频等。

• E：可以为标签设置不同的颜色，从而区分各类素材。可以通过单击色块改变标签颜色，也可以通过执行"编辑>首选项>标签"命令自行设置标签颜色。

• F：可以查看有关素材的详细内容（包括素材的大小、帧速率、持续时间、路径信息等），若这些内容未显示全，只需向右拖曳"项目"面板右边框到合适位置即可，如图1-6所示。

图1-6

• G：单击"项目流程图"按钮▣，可以查看项目中的素材文件的层级关系，如图1-7所示。

图1-7

• H：单击"解释素材"按钮▣，可以调出设置素材属性的对话框。在该对话框中，可以设置素材的通道处理方式、帧速率、开始时间码、场和像素长宽比等，如图1-8所示。

图1-8

- I：单击"新建文件夹"按钮，可以创建新的文件夹。新建文件夹的好处是便于在制作过程中有序地管理各类素材，这一点对于刚入门的设计师来说非常重要，刚入门的设计师最好在一开始就养成这个好习惯。

- J：单击"新建合成"按钮，可以创建新的合成。执行"合成>新建合成"命令也可以创建新的合成。

- K：单击"项目设置"按钮，可以对项目的时间显示样式、色彩空间、音频采样率等进行设置。

- L：按住Alt键并单击按钮 8 bpc ，可以将颜色的深度切换为16bpc或32bpc（默认为8bpc）。

- M：选择要删除的对象（素材或文件夹），然后单击按钮，或者将选定的对象拖曳到按钮上，即可删除该对象。

> ⓘ 技巧与提示
>
> bpc（bit per channel）即每个通道的位数，用来表示颜色的深度，决定每个通道应用多少种颜色。一般来讲，8bit表示包含256种颜色信息。16bit和32bit的色彩模式主要应用于HDTV或胶片等高分辨率项目，但在After Effects 2023中，并不是所有特效滤镜都支持16bit和32bit。

1.2.2 "合成"面板

在"合成"面板中，我们能够直观地看到要处理的素材文件。"合成"面板并不只是效果的显示面板，它还是素材的直接处理面板，而且After Effects 2023中的绝大多数操作都要依赖该面板来完成。可以说，"合成"面板是After Effects 2023不可缺少的一部分。"合成"面板如图1-9所示。

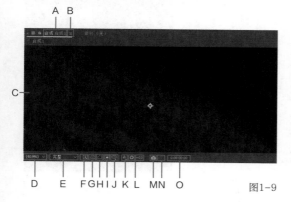

图1-9

面板组成元素详解

- A：显示当前正在操作的合成的名称。

- B：单击按钮可以打开图1-10所示的菜单，其中包含了针对"合成"面板的一些设置命令，如"关闭面板""浮动面板"等命令。执行其中的"视图选项"命令，在打开的对话框中可以设置是否显示"合成"面板中图层的"手柄"和"蒙版"等，如图1-11所示。

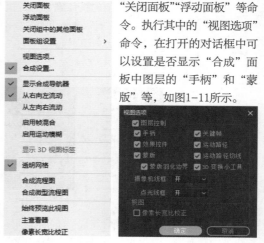

图1-10   图1-11

- C：显示当前合成工作的状态，即画面合成的效果、遮罩、安全框等所有相关的内容。

- D：用于调节预览窗口中的图像的显示比例。单击按钮 50% ，会显示可以设置的数值，如图1-12所示，直接选择需要的数值即可调节图像的显示比例。

> ⓘ 技巧与提示
>
> 通常，除了在进行细节处理的时候要调节显示比例以外，一般都按照100%或者50%的显示比例进行制作。

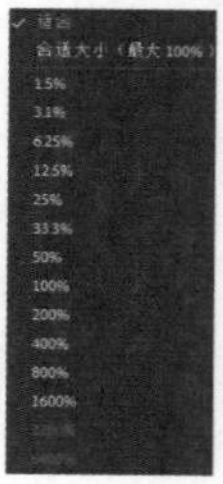

图1-12

- E：分辨率/向下采样系数 完整 ，这个下拉列表包括6个选项，用于设置不同的分辨率，如图1-13所示。这些分辨率只应用在预览窗口中，用来影响预览图像的显示质量，不会影响最终输出图像的画面质量。

  » **自动**：根据预览窗口的大小自动适配图像的分辨率。

  » **完整**：显示状态最好的图像，选择该选项时预览时间相对较长，若计算机内存比较小，可能无法预览全部内容。

图1-13

» **二分之一**：显示拥有"完整"分辨率1/4分辨率的图像。在工作的时候，一般都会选择"二分之一"选项；当需要修改细节部分的时候，再选择"完整"选项。

» **三分之一**：显示拥有"完整"分辨率1/9分辨率的图像。

» **四分之一**：显示拥有"完整"分辨率1/16分辨率的图像。

» **自定义**：选择"自定义"选项，打开"自定义分辨率"对话框，如图1-14所示，用户可以直接在其中设置图像水平和垂直方向的分辨率。

图1-14

> ⓘ **技巧与提示**
>
> 最好根据工作效率来选择分辨率，这样对制作过程中的快速预览会有很大的帮助。因此，与将分辨率设置为"完整"相比，将分辨率设置为"二分之一"会在图像显示质量没有太大损失的情况下提高制作速度。

• **F**：快速预览■，用来设置预览素材的速度。单击该按钮，其下拉菜单如图1-15所示。

图1-15

• **G**：切换透明网格■，单击该按钮可以将预览窗口的背景从黑色转换为透明状态（前提是图像带有Alpha通道），如图1-16所示。

图1-16

• **H**：切换蒙版和形状路径的可见性■，在使用"钢笔工具"■、"矩形工具"■或"椭圆工具"■绘制蒙版的时候，单击这个按钮可以设置是否在预览窗口中显示蒙版路径，如图1-17所示。

图1-17

• **I**：目标区域■，想在预览窗口中只查看制作内容的某一个部分的时候，可以使用这个按钮；另外，在计算机配置较低、预览时间过长的时候，使用这个按钮也可以实现不错的效果。使用方法：单击该按钮，然后在预览窗口中拖曳绘制出一个矩形区域，就可以只预览该区域的内容，如图1-18所示。再次单击该按钮，会恢复显示原来的整个区域。

图1-18

• **J**：选择网格和参考线选项■，其下拉菜单包括"标题/动作安全""对称网格""网格""参考线""标尺""3D参考轴"6个命令，如图1-19所示。

图1-19

◼ **知识点**：安全框的应用标准

安全框的主要作用是表明显示在TV监视器上的工作安全区域。安全框由内线框和外线框两部分构成，如图1-20所示。

图1-20

内线框是标题安全框，在画面上输入文字的时候不能超出这个框。如果超出了这个框，那么超出的部分就不会显示在电视画面上。

外线框是操作安全框，运动对象的所有内容都必须显示在该框内。如果超出了这个框，那么超出的部分就不会显示在电视画面上。

• K：显示通道及色彩管理设置![icon]，其下拉菜单中显示的是有关通道的内容，如图1-21所示，通道按照红色、绿色、蓝色、Alpha的顺序显示。Alpha通道的特点是不具有颜色属性，只具有与选区有关的信息。Alpha通道的颜色与"灰阶"是统一的，Alpha通道的基本背景颜色是黑色，白色的部分则表示选区。另外，灰色区域会呈半透明状态。在图层中可以提取这些信息并加以使用，或者在编辑选区时使用。

图1-21

• L：重置曝光![icon] +0.0 功能主要用来调整曝光程度，以查看素材中亮部和暗部的细节。设计师可以在预览窗口中轻松调节图像的显示情况，而控制曝光并不会影响最终的渲染效果。其中，![icon]用来恢复初始曝光值，![icon]+0.0用来设置曝光值。

• M：快照![icon]，其功能是把当前正在制作的画面，即预览窗口中的画面拍摄成照片。单击该按钮会发出拍摄照片的提示音，拍摄的静态画面可以保存在内存中，以便以后使用。除了单击该按钮，也可以按快捷键Shift+F5进行操作。如果想要多保存几张快照，可以依次按快捷键Shift+F5、Shift+F6、Shift+F7和Shift+F8。

• N：显示快照![icon]，在保存快照以后，这个按钮才会被激活。按住该按钮显示的是保存的最后一张快照。当依次按快捷键Shift+F5、Shift+F6、Shift+F7和Shift+F8保存几张快照以后，只要按顺序按F5、F6、F7、F8键，就可以按照保存顺序查看快照。

▦ 知识点：合理清理快照，释放内存

因为快照要占用计算机内存，所以在不使用的时候，最好把它删除。删除的方法是执行"编辑>清理>快照"命令，如图1-22所示；或者依次按快捷键Ctrl+Shift+F5、Ctrl+Shift+F6、Ctrl+Shift+F7和Ctrl+Shift+F8。

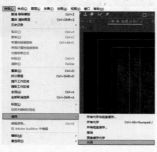

图1-22

执行"清理"子菜单中的命令，可以在运行程序的时候删除保存在内存中的内容，包括"所有内存与磁盘缓存""所有内存""所有磁盘缓存""撤消""图像缓存内存""快照"6个命令。

• O：当前时间 0:00:00:00 ，显示当前时间指示器所在位置的时间。在这个位置单击，会弹出图1-23所示的对话框，在其中输入一个时间点，时间指示器就会移动到输入的时间点处，预览窗口中会显示当前时间点对应的画面。

图1-23

ⓘ 技巧与提示

图1-23中的0:00:00:00按照顺序显示的是时、分、秒和帧，如果要将时间指示器移动到1分30秒10帧的位置，只要输入0:01:30:10就可以了。

• P：草图3D![icon] 草图3D ，用于打开或关闭快速3D预览。开启后可以实时预览3D场景中的操作效果。

• Q：3D地平面![icon]，在开启了"草图3D"后，可以使用该按钮开启或关闭地平面，以便检查3D空间中各物体间的透视关系，如图1-24所示。

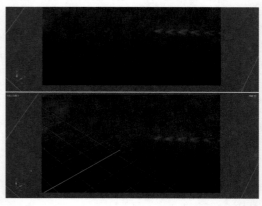

图1-24

• R：3D渲染器 经典3D ∨ ，可以在该下拉列表中为合成选择合适的3D渲染器，如图1-25示。如果所用的显卡支持光线追踪技术，该下拉列表中还会有"光线追踪3D"选项。

图1-25

» **经典3D**：该渲染器是默认渲染器。应用该渲染器，各个图层将作为平面被放置在3D空间中。

» **CINEMA 4D**：该渲染器支持将文字图层或者形状图层转换为3D模型，同时可以将其他3D图层（如纯色图层或素材图层等）弯曲成曲面。

» **光线追踪3D**：该渲染器在功能上与CINEMA 4D渲染器相同，只是在材质及光影的表现方面与CINEMA 4D渲染器略有差别。

» **渲染器选项**：在选定了3D渲染器后，可以通过该选项对选定渲染器进行进一步的设置。

• **S**：3D视图 活动摄像机_∨ ，可以选择该下拉列表中的选项来变换视图，如图1-26所示。

• **T**：选择视图布局 1个_∨ ，在该下拉列表中可以设置显示的视图数量，如图1-27所示。选择视图布局时可以将预览窗口设置成3D软件中视图窗口的布局形式，即显示多个参考视图，如图1-28所示。这个下拉列表对After Effects 2023中3D视图的操作特别有用。

图1-27

图1-26

> **① 技巧与提示**
>
> 　　只有当"时间轴"面板中存在3D图层的时候，变换视图才有实际效果；当图层全部都是2D图层的时候，变换视图无效。关于这部分内容，之后使用3D图层的时候会做详细讲解。

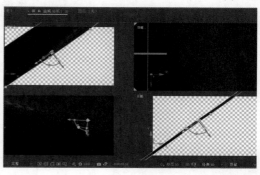

图1-28

1.2.3　"时间轴"面板

　　将"项目"面板中的素材拖曳到时间轴上，确定时间点后，位于"时间轴"面板中的素材将以图层的方式显示。此时每个图层都有自己的时间和空间，而"时间轴"面板就是控制图层的效果或运动的平台，它是After Effects 2023的核心部分。本小节将对"时间轴"面板的各个重要功能和按钮进行详细的讲解。

　　"时间轴"面板在标准状态下的显示效果如图1-29所示。

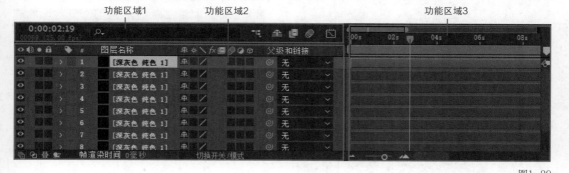

图1-29

1.功能区域1

　　下面讲解图1-30所示的区域，也就是功能区域1。

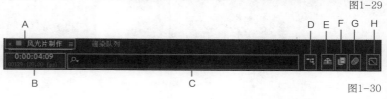

图1-30

功能区域1组成元素详解

- **A**：显示当前合成项目的名称。
- **B**：显示当前合成中时间指示器所处的位置及该合成的帧速率。按住Alt键的同时单击该区域，可以改变时间的显示方式，如图1-31和图1-32所示。

图1-31  　　　　　　图1-32

- **C**：图层查找栏 ，利用该功能可以快速找到指定的图层。
- **D**：合成微型流程图 ，单击该按钮可以快速查看合成与图层之间的嵌套关系或快速在嵌套合成间切换，如图1-33所示。

图1-33

- **E**：消隐开关 ，用来隐藏指定的图层。当合成的图层特别多的时候，该功能的作用尤为突出。选择需要隐藏的图层，单击图层上的按钮 ，按钮会变成 ，如图1-34所示。这时显示的图层并没有任何变化，单击按钮 ，选择的图层就被隐藏了，如图1-35所示。再次单击按钮 ，刚才隐藏的图层又会重新显示出来。

图1-34

图1-35

- **F**：帧混合开关 ，在渲染的时候，使用该按钮可以在修改原素材的帧速率时平滑插补的帧，一般在使用"时间伸缩"以后应用。使用方法是选择需要加载帧混合的图层，在图层上的相应位置单击，显示按钮 ，然后单击按钮 ，如图1-36所示。

图1-36

- **G**：运动模糊开关 ，该按钮用于移动图层

时应用模糊效果。其使用方法是先单击图层上的按钮 ，然后确保功能区域1中的按钮 处于开启状态，即可出现运动模糊效果。图1-37所示是图形从上到下移动，为其运用运动模糊效果后的效果。

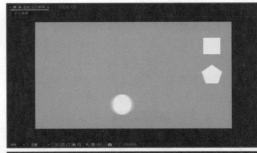

图1-37

> **技巧与提示**
>
> "隐藏所有图层""帧混合""运动模糊"这3项功能在功能区域1和功能区域2中都有对应按钮或图标，其中功能区域1中的按钮是总按钮，而功能区域2中的图标只针对单一图层，操作时必须把两个功能区域的按钮和图标同时开启才能产生作用。

- **H**：图表编辑器 ，单击该按钮可以打开"图表线编辑器"，然后激活"位置"属性，如图1-38所示，这时可以在"图表编辑器"中看到一条可编辑的曲线。

图1-38

2.功能区域2

下面讲解图1-39所示的区域，也就是功能区域2。

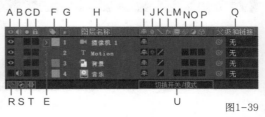

图1-39

功能区域2组成元素详解

- **A**：显示图标👁，其作用是在预览窗口中显示或者隐藏图层的画面内容。当显示该图标时，图层的画面内容会显示在预览窗口中；相反，当不显示该图标时，在预览窗口中就看不到图层的画面内容了。

- **B**：音频图标🔊，在时间轴中添加音频文件以后，图层上会生成音频图标🔊。单击音频图标🔊，它就会消失，再次预览的时候就听不到声音了。

- **C**：独奏图标⦿，在某图层中激活独奏功能以后，其他图层的显示图标就会变成深灰色，如图1-40所示，"合成"面板中只会显示激活了独奏功能的图层的画面内容，不显示其他图层的画面内容。

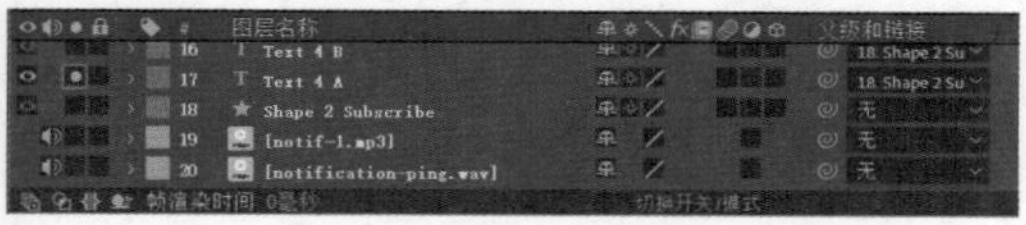

图1-40

- **D**：锁定图标🔒，显示该图标表示相关的图层处于锁定状态，单击该图标即可解除锁定状态。一个图层被锁定后，就无法选择这个图层了，也不能对其应用任何效果。这个功能通常会应用在已经制作完成的图层上，从而避免由于失误而删除或者损坏制作完成的内容。

- **E**：箭头图标❯，单击该图标以后，箭头指向下方，同时显示图层的相关属性，如图1-41所示。

图1-41

- **F**：标签颜色图标🏷，单击该图标所在栏的色块，打开的下拉菜单中有多种颜色，如图1-42所示。用户只要从中选择自己需要的颜色就可以改变色块的颜色。其中，"选择标签组"命令是用来选择所有色块颜色相同的图层的。

图1-42

- **G**：编号图标#，用来为图层编号，编号顺序为从上到下，如图1-43所示。

图1-43

- **H**：源名称 源名称 /图层名称 图层名称，单击"源名称"后，此处会变成"图层名称"。素材的名称不能更改，而图层的名称可以更改。

- **I**：隐藏图层图标🖥，用来隐藏指定的图层。当项目中的图层特别多的时候，该图标的作用尤为突出。

- **J**：栅格化图标✺，当图层是合成或.ai文件时才可以使用"栅格化"功能。使用该功能后，合成图层的质量会提高，渲染时间会减少。也可以不使用"栅格化"功能，以使.ai文件在变形后保持最高分辨率与平滑度。

- **K**：质量和采样图标◪，这里显示的是从预览窗口中看到的图像的质量，如图1-44所示，单击该图标可以在"低质量""中质量""高质量"这3种显示方式之间切换。

图1-44

L：特效图标𝑓𝑥，在图层上添加特效滤镜以后，就会显示该图标，如图1-45所示。

图1-45

- **M/N**：帧混合图标▥、运动模糊图标◎，帧混合功能用于在视频快放或慢放时，进行画面的帧补偿；添加运动模糊效果的目的在于增强快速移动的场景或物体的真实感。

- **O**：调整图层图标◎，调整图层在一般情况下是不可见的，调整图层下面的所有图层都受调整图层上添加的特效滤镜控制，一般在进行画面色彩校正的时候用得比较多，如图1-46所示。

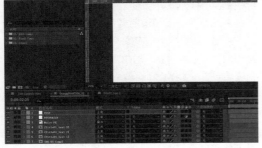

图1-46

• P：3D空间图标 ，其作用是将2D图层转换成带有深度空间信息的3D图层。

• Q：父级和链接 父级和链接，将一个图层设置为父图层时，对父图层进行的操作（如移动、旋转和缩放等）将影响到它的子图层，而对子图层进行操作不会影响到父图层。

• R： ，用来展开或折叠图1-47所示的"开关"模块，也就是矩形框选中的部分。

图1-47

• S： ，用来展开或折叠图1-48所示的"模式"模块，也就是矩形框选中的部分。

图1-48

• T： ，用来展开或折叠图1-49所示的"入点""出点""持续时间""伸缩"模块。

图1-49

• U： 切换开关/模式 ，单击该按钮可以在"开关"模块和"模式"模块间切换。执行该操作时，"时间轴"面板中只能显示其中的一个模块。如果同时打开了"开关"和"模式"模块，那么该按钮将会被隐藏。

3.功能区域3

下面讲解图1-50所示的区域，也就是功能区域3。

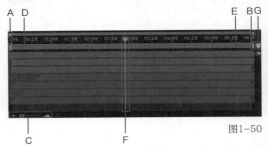

图1-50

功能区域3组成元素详解

• A、B、C：用来调节时间轴标尺的大小（放大和缩小）。这里的放大和缩小与在"合成"面板中预览时的缩放操作不一样，这里是控制时间段的精密程度。将图1-51所示的滑块拖曳至最右侧，时间标尺将以帧为单位进行显示，此时可以进行更加精确的操作。

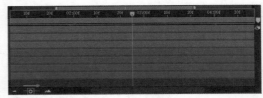

图1-51

- D、E：用来设置合成项目工作区域的开始点和结束点。
- F：时间指示器当前所处的时间位置。左右拖曳时间指示器可以指定当前所在的时间位置。
- G：按钮■，在"时间轴"面板右侧单击按钮■，会在时间指示器所在的位置显示数字1，还可以拖曳该按钮到所需的位置，生成新的标记，生成的标记会按照顺序显示，如图1-52所示。

图1-52

1.2.4 "工具"面板

在制作项目的过程中，经常要用到"工具"面板中的工具，"工具"面板如图1-53所示。下面介绍的都是项目操作中使用频率较高的工具，希望读者熟练掌握。

图1-53

工具详解

- **选取工具**▶：用于选择图层和素材等，快捷键为V。当合成中存在3D图层时，该工具右侧会增加3个工具，这些工具用于开启或关闭3D图层上的操控手柄的移动、缩放和旋转功能，如图1-54所示。

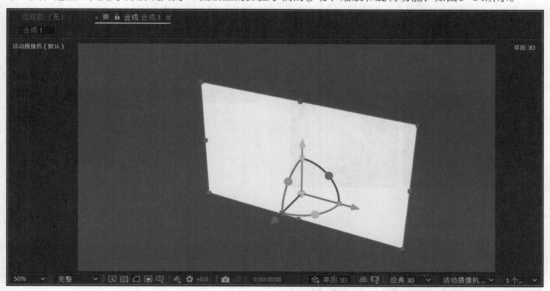

图1-54

- **手形工具**：使用该工具能够在预览窗口中移动整体画面，快捷键为H。
- **缩放工具**：用于放大与缩小显示画面，快捷键为Z。默认状态下选择该工具，预览窗口中鼠标指针呈■状，单击会将画面放大一倍；在选择该工具后，按住Alt键，预览窗口中鼠标指针呈■状，这时单击就会缩小画面。

- **绕光标旋转工具**：控制摄像机以单击的地方为中心进行旋转。工具组中还包含"绕场景旋转工具"和"绕相机信息点旋转工具"。该工具的快捷键为1。
- **在光标下移动工具**：控制摄像机以单击的地方为原点进行平移。工具组中还包含"平移摄像机POI工具"。该工具的快捷键为2。
- **向光标方向推拉镜头工具**：控制摄像机以单击的地方为目标进行推拉。工具组中还包含"推拉至光标工具"和"推拉至摄像机POI工具"。该工具的快捷键为3。

> **技巧与提示**
>
> After Effects 2023的"工具"面板中有3类，共8种摄像机控制工具，分别用来进行摄像机的平移、旋转和推拉等操作，如图1-55所示。

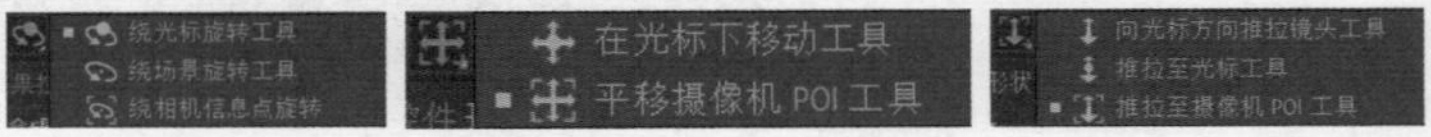

图1-55

- **旋转工具**：在"工具"面板中选择"旋转工具"之后，面板的右侧会出现图1-56所示的两个选项。在使用3D图层的时候，这两个选项用于对其进行不同的旋转操作。它们只适用于3D图层，因为只有3D图层才同时具有x轴、y轴和z轴。"方向"选项只能用于旋转x轴、y轴和z轴中的一个，而"旋转"选项则可以用于旋转各个轴。该工具的快捷键为W。

图1-56

- **向后平移（锚点）工具**：主要用于改变图层轴心点的位置。确定了轴心点的位置就意味着将以该轴心点为中心进行旋转、缩放等操作，如图1-57所示。该工具的快捷键为Y。

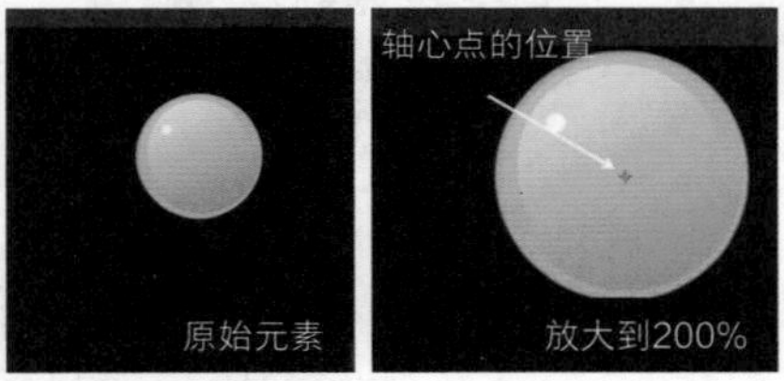

图1-57

- **矩形工具**：使用该工具可以创建相对比较规整的蒙版。在该工具上按住鼠标左键，将打开工具组，其中包含5个工具，如图1-58所示。该工具的快捷键为Q。

图1-58

- **钢笔工具**：使用该工具可以创建任意形状的蒙版。在该工具上按住鼠标左键，将打开工具组，其中包含5个工具，如图1-59所示。该工具的快捷键为G。

图1-59

- **横排文字工具**：在该工具上按住鼠标左键，将打开工具组，其中包含两个工具，如图1-60所示。该工具的快捷键为Ctrl+T。

图1-60

- **绘图工具组**：该工具组由"画笔工具"、"仿制图章工具"和"橡皮擦工具"组成。这些工具的快捷键都为Ctrl+B。
  - » **画笔工具**：使用该工具可以在图层上绘制

需要的图像，但该工具不能单独使用，需要配合"绘画"面板、"画笔"面板使用。

» **仿制图章工具**：该工具用于复制需要的图像并将其应用于其他部分。

» **橡皮擦工具**：使用该工具可以擦除图像。可以调节该工具的笔触大小来进行细致的擦除。

• **Roto笔刷工具**：使用该工具可以对画面进行自动抠像处理，适用于颜色对比强烈的画面。该工具的快捷键为Alt+W。

• **人偶位置控点工具**：在该工具上按住鼠标左键，将打开工具组，其中包含5个工具，如图1-61所示。使用这些工具可以为光栅图像或矢量图形快速创建出非常自然的动画。该工具的快捷键为Ctrl+P。

图1-61

1.3 常用首选项设置

如果想熟练地运用After Effects 2023制作项目，就必须熟悉"首选项"对话框中的参数设置。可以通过执行"编辑>首选项"子菜单中的命令来打开"首选项"对话框，如图1-62所示。本节将讲解常用首选项设置，其他首选项一般保持默认设置。

图1-62

1.3.1 "常规"属性组

"常规"属性组主要用来设置After Effects 2023的运行环境，包括对手柄大小的调整及对整个操作系统的协调性的设置，如图1-63所示。

图1-63

1.3.2 "显示"属性组

"显示"属性组主要用来设置运动路径、图层缩览图等信息的显示方式，如图1-64所示。

图1-64

1.3.3 "导入"属性组

"导入"属性组主要用于设置导入素材的长度、帧数等，如图1-65所示。

图1-65

1.3.4 "输出"属性组

"输出"属性组主要用来设置序列输出文件的最大数量和影片输出的最大容量等，如图1-66所示。

图1-66

1.3.5 "媒体和磁盘缓存"属性组

"媒体和磁盘缓存"属性组主要用来设置内存和缓存的大小，如图1-67所示。

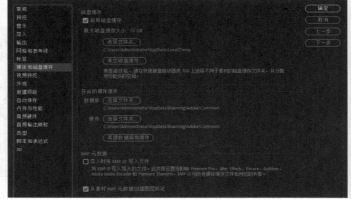

图1-67

1.3.6 "外观"属性组

"外观"属性组主要用来设置用户界面的颜色及界面按钮的显示方式，如图1-68所示。

图1-68

第 2 章

After Effects 2023 的
工作流程

本章导读

　　本章主要介绍After Effects 2023的工作流程。遵循After Effects 2023的工作流程既能提高工作效率，又能避免不必要的错误和麻烦。

学习目标

◆ 掌握创建合成的方法。
◆ 掌握导入与管理素材的方法。
◆ 掌握设置关键帧的方法。
◆ 掌握预览动画的方法。
◆ 掌握输出视频的方法。

2.1 合成

打开After Effects 2023后，工作界面中没有可被操作的内容，有很多功能未被激活。新建合成后，所有的功能便能在这个合成中使用了。

2.1.1 项目设置

在新建合成前，有必要对工作环境进行设置，以便达到我们想要的效果，使工作更顺畅地进行下去。执行"文件>项目设置"命令，如图2-1所示，即可打开"项目设置"对话框。

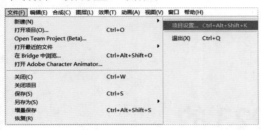

图2-1

1.视频渲染和效果

在"视频渲染和效果"选项卡中，可选择是否使用Mercury GPU加速渲染，如图2-2所示。使用Mercury GPU加速渲染可以增强渲染的效果（如表现更细微的颜色差异），但是对计算机的显卡性能有一定的要求，一般不要求这样设置。

图2-2

2.时间显示样式

After Effects 2023中的时间点或时间跨度是通过数值表示的，包括图层、素材项目和合成的当前时间，以及图层的入点、出点和持续时间。具体来说，数值化的时间显示样式分为"时间码"和"帧数"两种，可在"时间显示样式"选项卡中选择，如图2-3所示。

图2-3

重要参数介绍

• **时间码**：摄像机在记录图像信号时针对每一幅图像记录的时间编码。时间码为视频中的每一帧都分配了一个数字，用于表示小时、分钟、秒钟和帧数，如1:12:09:11代表第1小时第12分钟第9秒的第11帧。

• **帧数**：表示现在的画面为视频中的第几帧。当将帧数与时间或时间码进行换算时，需要考虑视频的帧速率。帧速率越大，同样帧数的视频对应的时间越短，反之则越长。

3.颜色

"颜色"选项卡主要用于对色深进行选择，颜色深度一般为每通道8位、16位或32位，如图2-4所示。一般情况下用每通道8位的色深即可，本书以8位色深的RGB值来表现颜色的参数。

图2-4

> **技巧与提示**
>
> 8位色深代表每个颜色通道值的取值范围为$0\sim2^8-1$，即$0\sim255$，因此我们一般看到的颜色的R、G、B值都是$0\sim255$的某个整数。同理，16位色深则代表每个颜色通道值的取值范围为$0\sim2^{16}-1$。但是32位色深的含义稍有不同，在After Effects 2023中使用32位色深时，R、G、B的值不再用整数表示，它增加了256阶颜色的灰度，为了方便称呼，就规定它为32位色深。

4.音频

在"音频"选项卡中可以选择音频的采样率，如图2-5所示。采样率越高，音频的质量越高。

图2-5

2.1.2 创建合成

每一个合成都有自己的时间轴，我们既可以通过图片、音频和视频等素材建立合成，又可以先建立一个空合成，再向其中添加素材。执行"合成>新建合成"命令（快捷键为Ctrl+N），如图2-6所示，即可打开"合成设置"对话框。

图2-6

创建合成时，主要对项目的尺寸、帧速率、开始时间码、持续时间和背景颜色等进行设置，如图2-7所示。当一个合成新建成功后，它将自动命名为"合成1"。若对合成的名称不满意，也可以在设置时对其进行更改。

图2-7

重要参数介绍

- **像素长宽比**：指图像中一个像素的宽与高之比。
- **帧速率**：每秒显示的帧数，一般保持默认设置。
- **开始时间码/帧数**：表示视频开始的时间，即分配给合成的第一帧的时间码或帧编号。
- **持续时间/帧数**：视频的长度。

> ⚠ **技巧与提示**
>
> 在After Effects 2023中，一次只能打开一个项目文件。如果在一个项目文件处于打开状态时创建或打开其他项目文件，那么After Effects 2023会提示保存项目文件中的更改，并在确认打开其他项目文件后将其关闭。无论我们是否要打开其他项目文件，都应该养成随时保存项目文件（快捷键为Ctrl+S）的习惯。

2.2 管理动画素材

素材是构成动画的基本元素，制作动画所需的素材通过"项目"面板进行管理，可导入After Effects 2023的素材包括音频、视频、图片（包括单张图片和序列图片）、PRPROJ文件及PSD文件等。After Effects 2023支持导入大多数的媒体文件。

2.2.1 导入一幅图像

第1种方式，按常规方式导入。执行"文件>导入>文件"命令（快捷键为Ctrl+I），如图2-8所示，即可打开"导入文件"对话框。在素材文件所在的路径中选择图像素材，单击"导入"按钮 导入 即可。

图2-8

第2种方式，双击导入。这是一种快捷的导入方式，双击"项目"面板中的空白区域，如图2-9所示，即可打开"导入文件"对话框。在素材文件所在的路径中选择图像素材，单击"导入"按钮 导入 ，如图2-10所示，即可完成图像的导入。

图2-9

图2-10

第3种方式，拖曳导入。从资源管理器中将目标素材拖曳到"项目"面板中的空白区域，如图2-11所示。这样可以直接导入素材，而不用打开"导入文件"对话框。

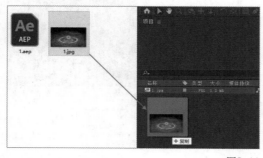

图2-11

使用上述方式导入的图像文件会出现在"项目"面板中，如图2-12所示。当然，不只是图像文件，视频文件也可用同样的方式导入。

图2-12

2.2.2 导入序列

序列文件是指一组有序的图片文件，如逐帧存储的短视频等。在导入序列文件时，按照常规方式打开"导入文件"对话框，在素材文件所在的路径中多选序列文件，然后勾选"序列选项"中的"PNG序列"复选框（如果是其他格式的图片，则会自动显示为相应格式的序列），单击"导入"按钮 导入 ，如图2-13所示，完成图片的导入。

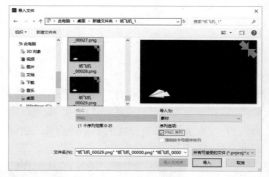

图2-13

经过上述操作导入的序列文件会出现在"项目"面板中，如图2-14所示。

图2-14

2.2.3 导入分层素材

在After Effects 2023中可以非常方便地调用Photoshop和Illustrator中的层文件。例如,PSD文件为Photoshop的自用格式文件,含有层次关系,可直接导入After Effects 2023并进行分层编辑。图2-15所示的两个黑色方框属于不同的图层,下面以这两个分层素材为例说明不同的导入方式对后续工作的影响。

方形1　　　　　　方形2　　图2-15

按照常规方式打开"导入文件"对话框,选择扩展名为.psd的文件,单击"导入"按钮 <u>导入</u> ,如图2-16所示,完成分层素材的导入。导入成功后会弹出图2-17所示的对话框,可以在其中选择一个合适的导入种类。

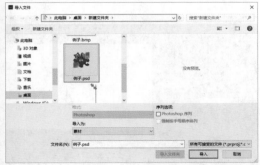

图2-16

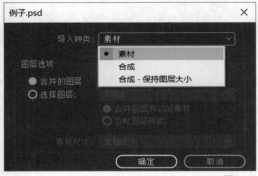

图2-17

> **① 技巧与提示**
>
> 除了可以在弹出的对话框中选择导入的素材种类,也可以在"导入文件"对话框中进行设置,如图2-18所示。
>
>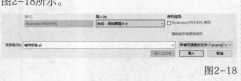
>
> 图2-18

1.作为素材导入

当"导入种类"为"素材"时,若选择"合并的图层"单选项,那么PSD文件将作为一张图片导入,此时其他选项不可选择,单击"确定"按钮 <u>确定</u> ,如图2-19所示,完成导入。

图2-19

若选择"选择图层"单选项,则只会导入PSD文件中的单一图层作为素材。接下来需要选择导入的图层(与层文件的名字有关),并确定是否需要保留图层的一些属性,最后确定素材的尺寸,如图2-20所示,单击"确定"按钮 <u>确定</u> ,完成导入。

图2-20

重要参数介绍

● **选择图层**:选择PSD文件中作为素材导入的图层的名称。

● **合并图层样式到素材/忽略图层样式**:设置PSD文件的图层样式在After Effects 2023中是否可以编辑。也就是说,合并图层样式到素材就是将PSD文件的图层样式直接合并图层上,而不能在After Effects 2023中编辑。

● **素材尺寸**:选择导入后的素材尺寸。

  » **文档大小**:导入后的素材与PSD文件的大小一致。

  » **图层大小**:导入后的素材与所选图层的大小一致。

2.作为合成导入

当"导入种类"为"合成"时，需要确定是否保留PSD文件中图层的一些属性，单击"确定"按钮 ![确定]，如图2-21所示，完成导入。使用这种方式导入素材后，新增的合成文件会出现在"项目"面板中，如图2-22所示。双击即可打开该合成，可见其中包含原PSD文件中的所有图层，如图2-23所示。

图2-21　　　　　　　　　图2-22　　　　　　　　　　　　　　　　　　　　　图2-23

当"导入种类"为"合成-保持图层大小"时，导入的同样是含有两个分层素材的合成文件。但是这种方式对图层的大小有限制，即当PSD文件的尺寸大于合成尺寸时，将保持每一个图层原本的尺寸，否则会对原素材进行裁剪或根据合成尺寸进行调整，如图2-24所示。

图2-24

2.3　让素材动起来

在After Effects 2023中导入不同格式的素材后，如图2-25所示，接下来就可以通过关键帧让素材动起来。

图2-25

图2-26

2.3.1　关键帧

关键帧在"时间轴"面板中添加。在"项目"面板中双击"合成1"（该合成中没有内容），然后将"篮球.png"素材拖曳到"时间轴"面板或"合成"面板中，这时可以看到素材的合成预览图，如图2-26所示。

> ⚠ **技巧与提示**
>
> "项目"面板和"时间轴"面板中的合成图标都可以双击。可在"合成"面板中打开合成，调整其中的元素。"合成"面板支持多个合成的显示，类似于在浏览器中打开多个页面。

激活、添加和删除关键帧

关键帧是物体动起来的一个记录标志，其实就是物体变化的记录，如一个物体的位置发生变化。通过设置关键帧可以真正地让物体产生变化，且动画开始位置和结束位置必须存在关键帧，即在原来的位置设置一个关键帧，在落点的位置设置一个关键帧。

为图层的不同属性建立关键帧可以制作动画。先选中要建立关键帧的图层，并打开要建立关键帧的属性。连续单击按钮▶可以展开图层的各项属性。在After Effects 2023中，秒表按钮 控制着关键帧的激活与否，每一个属性都具有此按钮，如图2-27所示。

图2-27

单击某一属性左侧的秒表按钮 ，当秒表内有指针 时，表示秒表被打开，同时时间指示器所对应的时间点将自动添加该属性的关键帧，表示该属性的关键帧已经被激活，关键帧的值就是该属性的值，如图2-28所示。

图2-28

在属性的关键帧已经被激活，且时间指示器所处的位置没有关键帧的情况下，更改属性值，相应的时间点会自动建立对应更改后的属性值的关键帧，如图2-29所示。

图2-29

激活关键帧后，属性的左侧会出现一组按钮，这些按钮用于控制关键帧的添加和删除。

当按钮呈空心状态◇时，该属性在时间指示器对应的时间点无关键帧，此时单击该按钮可在时间指示器所在的位置添加对应现属性值的关键帧，同时按钮变为实心状态。当按钮呈实心状态时，该属性在时间指示器对应的时间点有关键帧，此时单击该按钮可删除此位置的关键帧，同时按钮变为空心状态，如图2-30所示。

图2-30

> ⓘ **技巧与提示**
>
> 使用After Effects 2023内置的效果可以快速改变矢量素材的外观，并能制作出流畅的动画。在"效果控件"面板中可以为添加的效果设置关键帧。"效果控件"面板默认不显示，需要在添加效果后执行"窗口>效果控件"命令打开，如图2-31所示。同时该效果将应用于图层并添加到"时间轴"面板中，如图2-32所示。

图2-31

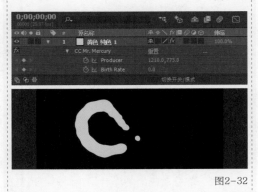

图2-32

运行动画

将时间指示器移动到第0秒处，单击"旋转"属性左侧的秒表按钮 ，即可创建一个起始关键帧，同时时间轴上会出现一个菱形标志，表示在这个时间点上激活了该属性的关键帧，如图2-33所示。

图2-33

> **技巧与提示**
>
> 菱形标志代表在第0秒时为图层的"旋转"属性设置了一个关键帧，此时该属性值为（0x+0°）。除了菱形关键帧，还有各种不同类型的关键帧，将在第4章进行介绍。

将时间指示器移动到第2秒处，在"旋转"属性值处输入180，即可创建一个终止关键帧，如图2-34所示。时间轴上出现了两个菱形标志，表示成功在这两个时间点上建立了使物体旋转的关键帧，素材将在这一段时间中按照我们设置的参数运动，如图2-35所示。

图2-34

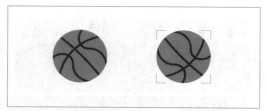

图2-35

2.3.2 预览

完成一部分动画的制作后，我们需要预览这部分动画的效果，确认是否需要对动画进行修改。先调整工作区域，使工作区域和想要预览的时间段相符，然后在"预览"面板中单击"播放"按钮▶或按空格键（默认的快捷键），如图2-36所示，即可对动画进行预览。

图2-36

在预览动画的同时，时间指示器会向右侧移动（随着时间的增加而运动）。在显示为绿色的时间段中，我们还可以通过拖曳时间指示器更加灵活地预览动画，如图2-37所示。

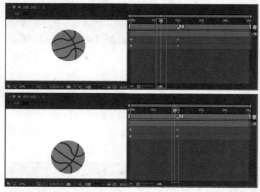

图2-37

2.4 图层

在After Effects 2023中，图层是视频合成的基本组成单元，了解图层的相关知识是使用After Effects 2023制作动画的前提。通过对各类图层进行排列和混合，我们可以在合成中实现各种炫酷的效果。

2.4.1 图层种类

除了导入的素材图层，After Effects 2023还包括文字图层、纯色图层、灯光图层、摄像机图层、空对象图层、形状图层、调整图层和合成图层。常见的创建图层的方式有以下3种。

第1种方式：按常规方式创建图层。执行"图层>新建"命令，子菜单中有文本、纯色和灯光等图层类型可以选择，选择其中的一项可在当前打开的合成中新建相应的图层。

第2种方式：在合成预览区域中创建图层。这是一种快捷的创建方式。在合成预览区域中的空白处单击鼠标右键弹出快捷菜单，"新建"子菜单中同样有文本、纯色和灯光等图层类型可以选择，如图2-38所示。

图2-38

第3种方式：使用工具创建图层，如图2-39所示。使用形状工具组或钢笔工具组中的工具在合成预览区域中绘制，即可新建形状图层；使用文字工具组中的工具在合成预览区域中添加文字，即可创建文字图层。

图2-39

1.文字图层

文字图层又叫文本图层。文字图层在After Effects 2023中是文本标准形式，用常规方式创建一个文字图层，图层名称左侧有图标 T，如图2-40所示。

图2-40

2.纯色图层

纯色图层又叫固态图层。纯色图层是After Effects 2023中最简单的图层，可设置的参数相对其他图层来说是最少的，因此使用起来较为方便。用常规方式创建一个纯色图层，图层名称左侧有图标■，并指明了图层的颜色，如图2-41所示。一般来说，纯色图层多用于合成背景，通常放置在合成的最下面，或是作为一些生成类效果（如CC闪电）的载体。

图2-41

3.灯光图层

与前两种图层不同，灯光图层仅在3D合成中起作用，用于给合成添加各种各样的光照效果。用常规方式创建一个灯光图层，图层名称左侧有图标，如图2-42所示。

图2-42

4.摄像机图层

摄像机图层与灯光图层相同，仅在3D合成中起作用。在摄像机图层中可以灵活设置摄像机的参数和空间位置，渲染输出的内容为摄像机拍摄到的画面（无摄像机图层时，得到的是从正前方看到的结果）。用常规方式创建一个摄像机图层，图层名称左侧有图标，如图2-44所示。

图2-44

5.空对象图层

空对象图层是非常特殊的一种图层，它本身不包含任何属性，也不会显示在合成的输出视频中。用常规方式创建一个空对象图层，合成预览区域中会显示一个小方框，图层名称左侧有图标□（和白色的纯色图层名称左侧的图标相同），如图2-45所示。虽然空对象图层看起来没有任何效果，但是它却是制作动画时常用的图层之一。空对象图层常作为多个图层的父图层，控制图层间的相对位置、大小等关系，后面将会介绍空对象图层的相关用法。

图2-45

6.形状图层

形状图层是制作动画时较为常用的图层，通过形状图层可以快速地建立矩形、圆形和五角星等简单的形状。此外，该图层还具有描边、中继器和扭曲等功能，用于实现一些复杂的效果。用常规方式创建一个矩形，图层名称左侧的图标★代表该图层是形状图层，如图2-46所示。关于形状图层的具体知识，将会在本书第5章进行系统的讲解。

图2-46

7.调整图层

调整图层也称为调节图层，它与空对象图层类似，不会显示在合成的输出图像上。调整图层本身只有一些简单的变换类属性，但作用于调整图层的效果还会作用于其下的所有图层。用常规方式创建一个调整图层，图层名称左侧有图标□（和白色的纯色图层名称左侧的图标相同），如图2-47所示。

图2-47

8.合成图层

合成本身也可以作为一个图层被添加进另外的合成中（持续时间和播放速度不变），这时作为图层的合成类似于一个视频素材。用常规方式创建一个合成图层，图层名称左侧有图标，如图2-48所示。

图2-48

2.4.2 图层属性

每一个图层都有关键帧属性，通过编辑关键帧属性值调整图层的显示样式，可以制作出丰富的动态效果。

1.基本属性

"锚点""位置""缩放""旋转""不透明度"属性是图层的基本属性，单击按钮▶即可看到图层的基本属性，如图2-49所示。

图2-49

锚点（快捷键为A）

锚点是图层的基准点。当调整图层的"位置""缩放""旋转"属性时，均以图层的锚点为基准点。一般来说，将锚点放置在图层中形状的中心或边角点处会便于动画的制作。在需要改变锚点的位置时，一般不直接更改锚点的属性值，而是使用"锚点工具" 在合成预览区域将锚点拖曳到合适的位置，如图2-50所示。

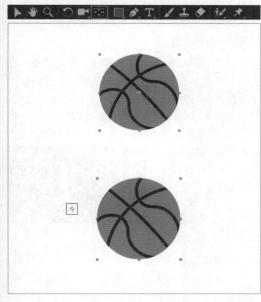

图2-50

位置（快捷键为P）

"位置"属性值表示图层在合成中所处的位置，如图2-51所示。第1个值代表*x*坐标，代表水平方向上的位置，该值越大，图层越靠右；第2个值代表*y*坐标，代表竖直方向上的位置，该值越大，图层越靠下。

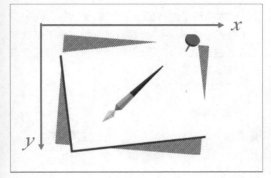

图2-51

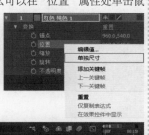

> **① 技巧与提示**
>
> 如果要分别对图层的水平方向和竖直方向上的位置进行改动，那么可以在"位置"属性处单击鼠标右键并选择"单独尺寸"选项，即将其拆分为"X位置"和"Y位置"两个属性，如图2-52所示。
>
>
>
> 图2-52

缩放（快捷键为S）

"缩放"属性值为图层放大百分比，如图2-53所示。当属性值左侧的"约束比例"图标 被激活时，修改其中一个数值，另一个数值也会更改为相应的数值，图层将等比例进行缩放，因此形状不会发生改变。单击"约束比例"图标 ，水平方向和竖直方向上的比例约束将被解除，可仅对其中的一个值进行修改，让图层内容变扁或变宽。

图2-53

旋转（快捷键为R）

"旋转"属性值为图层旋转的角度和周期，如图2-54所示。当该值为正数时，图层顺时针旋转；当该值为负数时，图层逆时针旋转。

图2-54

不透明度（快捷键为T）

"不透明度"属性值为图层的显示程度，如图2-55所示。与我们常说的透明度相反，即不透明度越低，图像越接近透明。

图2-55

> **⚠ 技巧与提示**
>
> 当图层较多时，将每个图层的所有属性都显示出来会使面板变得杂乱，这样不利于工作的展开，此时可以通过快捷键调出需要编辑的某一个属性，如图2-56所示。另外，按U键可以调出被激活的所有关键帧属性。

图2-56

2.图层的排列顺序

图层的排列顺序决定了图层之间的遮挡关系，编号图标 下的数字代表图层在合成中的顺序，编号最小的图层显示在顶层，编号最大的图层则在底层，如图2-57所示。

图2-57

> **⚠ 技巧与提示**
>
> 当我们需要更改图层的顺序时，常用的方法是选中（单选或多选）目标图层后将其拖曳至目标位置。更方便的做法是使用快捷键，将图层向上移一层的快捷键为Ctrl+]、将图层向下移一层的快捷键为Ctrl+[、将图层移至顶层的快捷键为Ctrl+Shift+]、将图层移至底层的快捷键为Ctrl+Shift+[。

3.对齐和分布图层

当我们需要对多个图层进行对齐或分布操作时，直接对各个图层的"位置"属性进行编辑会十分麻烦，这时可以使用After Effects 2023自带的对齐和分布功能。执行"窗口>对齐"命令打开"对齐"面板，如图2-58所示。第1排按钮用于控制图层相对于选区（合成）的对齐方式，第2排按钮用于控制图层相对于选区（合成）的分布方式。

图2-58

重要按钮介绍

• **水平靠左对齐** ：将图层按照各自的左边缘靠左对齐，如图2-59所示。当选择将图层对齐到合成时，所选图层则对齐到合成的左边缘。

图2-59

• **水平居中对齐** ：将图层按照各自的中心居中对齐，如图2-60所示，对齐后的水平位置为各图层x坐标的平均值。当选择将图层对齐到合成时，所选图层则对齐到合成的水平中心。

图2-60

• **水平靠右对齐** ：将图层按照各自的右边缘靠右对齐，如图2-61所示。当选择将图层对齐到合成时，所选图层则对齐到合成的右边缘。

图2-61

• **垂直靠上分布** ：以各图层中最高的上边缘为顶，以最低的上边缘为底，将图层按照各自的上边缘等距排列，如图2-62所示。

图2-62

• **垂直居中分布** ：以各图层中最高的中心为顶，以最低的中心为底，将图层按照各自的中心等距排列，如图2-63所示。

图2-63

• **垂直靠下分布** ：以各图层中最高的下边缘为顶，以最低的下边缘为底，将图层按照各自的下边缘等距排列，如图2-64所示。

图2-64

> **(!) 技巧与提示**
>
> 　　排列类按钮只有在多选图层时才能使用，对齐类按钮可以作用于单个图层。当仅选择一个图层时，图层会选择基于合成进行对齐。

4.提升和提取图层

　　利用提升和提取图层功能可以通过工作区域（时间标尺）来修剪图层持续时间条。在工作区域单击鼠标右键，可看到3种修剪方式，如图2-65所示。这3种修剪方式都只对选中的图层起作用，未选中任何图层等效于选中所有图层。

图2-65

重要选项介绍

• **提升工作区域**：删除所选图层在工作区域内的部分，剩余部分会被分为两个新的图层，如图2-66所示。

图2-66

• **提取工作区域**：删除所选图层在工作区域内的部分，并将生成的新图层靠紧，如图2-67所示。

图2-67

• **将合成修剪至工作区域**：工作区域之外的图层将被裁剪，合成将被设置为工作区域的长度，如图2-68所示。

图2-68

2.4.3　父子图层

　　本小节将介绍一种制作动画时比较实用的操作，即为图层建立父子关系，该操作可以大大减少工作量，并使动画参数的调整变得更加方便。在现实生活中，孩子会学习父母的行为，与父母采取相似的行动；After Effects 2023中的父子图层和现实中的父子关系类似。通过控制父图层，可以使子图层发生相同的变化。例如，当父图层顺时针旋转180°时，子图层也会以父图层的锚点为基准点顺时针旋转180°。另外，与现实中的父子关系相同，一个父图层可以有多个子图层，但是子图层仅可以有一个父图层，同时父图层能有自己的父图层。

1.建立父子图层

建立父子图层有两种方法：一种方法是在下拉列表中选择作为父级的图层，如图2-69所示；另一种方法是单击要作为子级的图层对应的螺旋按钮◎，然后将其拖曳至目标图层（父图层），如图2-70所示。

图2-69　　　　　　　图2-70

> **①　技巧与提示**
>
> 在使用上述任何一种方法添加父图层时按住
> Shift键，可让子图层移动到与父图层相同的位置，
> 如图2-71所示。
>
> 文字图层　★　　　　　　　　　★文字图层
>
> 　　　　操作前　　　　　　　　　　操作后
>
> 图2-71

2.父子图层的应用

父子图层的应用主要为在不改变子图层的参数的情况下，通过改变父图层的参数而影响子图层。下面展示的是父子图层最简单的应用，即通过空对象图层控制素材运动。用常规方式创建一个空对象图层，这时两个图层的中心点均在合成的中心，如图2-72所示。

图2-72

在图示区域①的任意一处单击鼠标右键，然后选择"列数>父级和链接"选项开启父级属性列；再次单击鼠标右键，选择"列数>伸缩"选项关闭伸缩属性列，如图2-73所示。

图2-73

将空对象图层设置为"轮胎.png"图层的父图层，然后将时间指示器移动到第0秒处，按R键调出空对象图层的"旋转"属性，并单击其左侧的秒表按钮◎设置一个起始关键帧，如图2-74所示；将时间指示器移动到第4秒处，设置"旋转"为（0x+180°），完成终止关键帧的设置，如图2-75所示。

图2-74

图2-75

该动画的静帧图如图2-76所示，可以看出我们并未直接设置轮胎的"旋转"属性，但由于其父图层（空对象图层）在旋转，所以可以看到轮胎也发生了旋转。

图2-76

2.4.4 混合模式

各个图层之间具有层级关系，编号小的图层位于上层，编号大的图层位于下层，上层的图层会遮盖下层的图层，那么是否意味着被非透明图层遮盖的下层图层永远不会显示在视频中呢？答案是否定的。事实上，上下图层之间可以通过计算产生特殊的混合效果，这就是图层的混合模式。

1.图层的混合原理

图像是由若干个像素组成的（矢量图除外），选择的混合模式不同，最终显示的像素也不同。图像的像素颜色值是根据各个图层所对应的像素颜色值来共同决定的。对彩色图像来说，每一个像素由红色通道、绿色通道和蓝色通道共3个通道组成（某些格式的图像还包括透明度通道）。通道值越大，对应的颜色越明亮。例如，白色的RGB值是（255,255,255），红色的RGB值是（255,0,0），黑色的RGB值是（0,0,0）。每一种混合模式都有其对应的计算公式，甚至某些混合模式的计算公式非常复杂。例如，"变暗"模式会对两个图层的RGB值进行比较，取两者中较小的值混合成最终的颜色，制作出变暗的效果。

2.图层的混合模式

混合模式能够使图层之间产生混合效果，除"正常"模式之外，还有数十种混合模式。下面以橙色和褐色两个纯色图层的混合为例，介绍3种常用的图层混合模式。

溶解

当"橙色"图层的混合模式为"溶解"时，将"不透明度"设置为50%，可以看到两个图层混合后的效果如图2-77所示。"溶解"模式产生的像素颜色来自上下图层中的颜色的随机混合，即上层的图层的颜色随机地分布在下层的图层上，产生一种特殊的质感。呈现的效果与像素的不透明度有关，通过改变不透明度，可以调节上层的图层的颜色出现的密度。不透明度越高，上层的图层的颜色就越密。当"不透明度"为100%时，"溶解"模式的效果将等同于"正常"模式。

图2-77

相加

"相加"模式是将底色与图层颜色相加，得到更为明亮的颜色。图层颜色为纯黑色时则得到底色，为纯白色时则得到白色。使用"相加"模式与"正常"模式的对比效果如图2-78所示。

图2-78

> **技巧与提示**
>
> 在日常工作时，没有必要记住每一种混合模式的效果和原理，只需要记住"溶解""相加"等常用混合模式的效果即可。在实际的制作过程中，我们也可以在选中图层后按快捷键Shift + + 或Shift + −尝试不同的混合模式，以便得到理想的效果。

差值

"差值"模式将对混合图层的对应像素中的每一个值（RGB值）进行比较，用大值减去小值作为混合后的颜色值。因此，与黑色混合时不会发生任何变化，与白色混合则可以产生一种反相效果。使用"差值"模式与"正常"模式的对比效果如图2-79所示。

图2-79

2.5 渲染为可播放格式文件

在After Effects 2023中完成一系列的动画制作后，还需要通过渲染将制作的动画导出为播放器支持的视频格式（如MOV和AVI等格式）文件。

2.5.1 添加到渲染队列

在渲染之前，需要先确认工作区域的起止时间和想要导出的时间段是否相符。相符后，执行"合成>添加到渲染队列"命令（快捷键为Ctrl＋M），如图2-80所示，即可将视频添加到渲染队列。

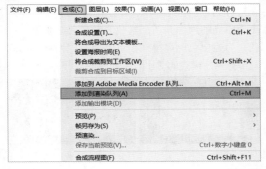

图2-80

在打开的"渲染队列"面板中可以看到"合成1"被添加到了渲染队列中，如图2-81所示。另外，After Effects 2023还支持将多个合成项目加入渲染队列中，按照各自的渲染设置、在队列中的上下顺序进行渲染。

渲染信息　渲染进程指示

渲染队列

图2-81

重要参数介绍

• **渲染信息**：显示在渲染过程中的内存消耗、渲染时间等信息。

• **渲染进程指示**：显示渲染的进度。

• **渲染队列**：每一个需要渲染的合成项目都在此等候渲染。通过拖曳合成项目，可重新为它们排序；选择一个合成项目，按Delete键可取消该项目的渲染任务。单击"渲染"按钮，即可开始进行渲染。

2.5.2 调整输出参数

单击"输出模块"右侧的高亮文字，打开"输出模块设置"对话框，一般设置"格式"为

AVI，其他参数取默认值，单击"确定"按钮，如图2-82所示，完成参数的设置。

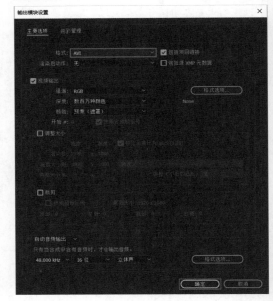

图2-82

重要参数介绍

• **格式**：导出的文件的格式，如图2-83所示。

图2-83

• **通道**：可选择RGB、RGB＋Alpha和Alpha，分别对应RGB、RGB和透明度、仅有透明度3种模式。

• **深度**：导出时的视频颜色深度。

• **调整大小**：在渲染输出时更改视频文件的长度、宽度等。

• **裁剪**：只导出经过裁剪后的一部分视频。

第 3 章

图层操作

本章导读

无论是制作合成、动画还是特效，都离不开图层。本章主要介绍图层的相关内容，包括图层的种类、图层的创建方法、图层的属性及图层的基本操作。

学习目标

◆ 了解图层的种类。
◆ 掌握图层的创建方法。
◆ 熟悉图层的属性。
◆ 掌握图层的基本操作。

3.1 图层概述

使用After Effects 2023制作画面特效合成时，直接操作对象就是图层，无论是制作合成、动画还是特效，都离不开图层。在"时间轴"面板中可以直观地观察到图层的分布。图层按照从上向下的顺序依次叠放，上一层的内容将遮住下一层的内容，如果上一层没有内容，将直接显示下一层的内容，如图3-1所示。

图3-1

> **技巧与提示**
>
> After Effects 2023可以自动为合成中的图层编号。在默认情况下，这些编号显示在"时间轴"面板中图层名称的左侧。图层编号决定了图层在合成中的叠放顺序，当叠放顺序发生改变时，这些编号也会自动发生改变。

3.1.1 图层的种类

能够用在After Effects 2023中的合成元素非常多，这些合成元素体现为各种图层，在这里将其归纳为以下9种。

第1种："项目"面板中的素材（包括声音素材）。

第2种：项目中的其他合成。

第3种：文字图层。

第4种：纯色图层、摄像机图层和灯光图层。

第5种：形状图层。

第6种：调整图层。

第7种：已经存在的图层的复制层（副本图层）。

第8种：拆分的图层。

第9种：空对象图层。

3.1.2 图层的创建方法

不同类型的图层的创建方法和设置方法不同，可以通过导入的方式创建，也可以通过执行命令的方式创建。下面介绍几种不同类型图层的创建方法。

1.素材图层和合成图层的创建方法

素材图层和合成图层是After Effects 2023中最常见的图层。要创建素材图层和合成图层，只需要将"项目"面板中的素材或合成项目拖曳到"时间轴"面板中即可。

> **技巧与提示**
>
> 如果要一次性创建多个素材图层或合成图层，只需要在"项目"面板中按住Ctrl键的同时连续选择多个素材或合成项目，然后将其拖曳到"时间轴"面板中即可。"时间轴"面板中的图层将按照之前选择素材或合成项目的顺序进行排列。另外，按住Shift键也可以选择多个连续的素材或合成项目。

2.纯色图层的创建方法

在After Effects 2023中，可以创建任何颜色和尺寸（最大尺寸为30000像素×30000像素）的纯色图层。和其他素材图层一样，可以在纯色图层上创建蒙版，也可以修改图层的变换属性，还可以为其添加特殊效果。创建纯色图层的方法主要有以下两种。

第1种：执行"文件>导入>纯色"命令，如图3-2所示，此时创建的纯色图层只显示在面板中，作为素材使用。

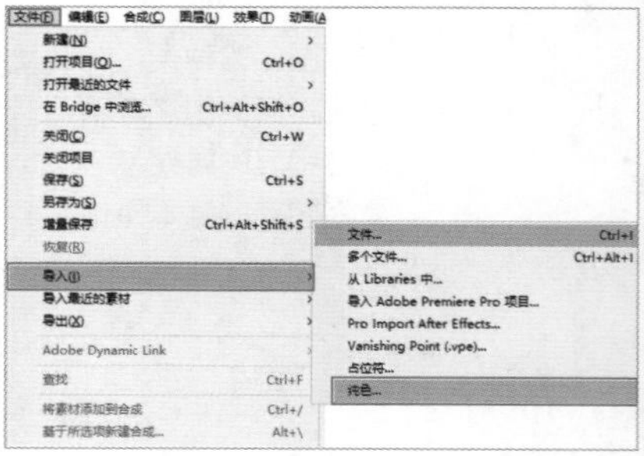

图3-2

第2种：执行"图层>新建>纯色"命令或按快捷键Ctrl+Y，如图3-3所示。纯色图层除了会显示在"项目"面板的"固态层"文件夹中以外，还会自动出现在当前"时间轴"面板的顶层。

图3-3

通过以上两种方法创建纯色图层时，系统都会打开"纯色设置"对话框，在该对话框中可以设置纯色图层的尺寸、像素长宽比、名字及颜色等，如图3-4所示。

图3-4

3.灯光图层、摄像机图层和调整图层的创建方法

灯光图层、摄像机图层和调整图层的创建方法与纯色图层的创建方法类似，可以通过"图层>新建"子菜单中的命令来完成。在创建这类图层时，系统也会打开相应的对话框。图3-5和图3-6所示分别为"灯光设置"对话框和"摄像机设置"对话框（这部分知识将在后面进行详细讲解）。

图3-5

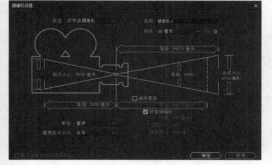

图3-6

在创建调整图层时，除了可以通过执行"图层>新建>调整图层"命令来完成外，还可以通过"时间轴"面板来把选择的图层转换为调整图层，其方法就是单击图层右侧的调整图层图标，如图3-7所示。

图3-7

4.Photoshop图层的创建方法

执行"图层>新建>Adobe Photoshop文件"命令，可以创建一个和当前合成尺寸一致的Photoshop图层，该图层会被放置在"时间轴"面板的顶层，并且系统会自动打开这个Photoshop文件。

执行"文件>新建>Adobe Photoshop文件"命令，也可以创建Photoshop文件，不过这个Photoshop文件只是作为素材显示在"项目"面板中，并且这个Photoshop文件的尺寸和最近打开的合成图层尺寸一致。

3.2 图层的属性

在After Effects 2023中，图层的属性在制作动画特效时占据着非常重要的地位。除了单独的音频图层以外，其余的图层都具有5个基本变换属性，分别是"锚点""位置""缩放""旋转""不透明度"，如图3-8所示。通过在"时间轴"面板中单击按钮，可以展开图层变换属性。

图3-8

3.2.1 课堂训练：定版动画

素材位置	素材文件 >CH03>01
实例位置	实例文件 > CH03> 课堂训练：定版动画
教学视频	课堂训练：定版动画 .mp4
学习目标	掌握图层的属性

本例制作的效果如图3-9所示。

图3-9

01 导入学习资源中的"素材文件>CH03>01>课堂训练：定版动画.aep"文件，接着在"项目"面板中双击"定版动画"合成，加载该合成，如图3-10所示。

图3-10

02 选择"东方玄幻"图层，按P键展开"位置"属性。然后在第0帧处设置"位置"为（175，260）并激活关键帧；在第2秒处设置"位置"为（804,260），如图3-11所示。

图3-11

03 选择"东方玄幻"图层，按S键显示图层的"缩放"属性，激活关键帧。然后在第0帧处设置"缩放"为（100,100）%；在第2秒23帧处设置"缩放"为（108,108）%，如图3-12所示。

图3-12

04 选择"Logo"图层，按P键展开"位置"属性，激活关键帧。然后在第0帧处设置"位置"为（360,260）；在第2秒处设置"位置"为（230，260），如图3-13所示。

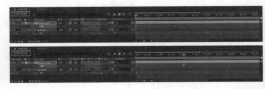

图3-13

05 选择"Logo"图层，按S键显示图层的"缩放"属性，激活关键帧。然后在第0帧处设置"缩放"为（100,100）%；在第2秒23帧处设置"缩放"为（110,110）%，如图3-14所示。

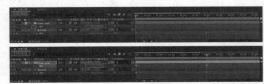

图3-14

06 按0键预览效果，如图3-15所示。

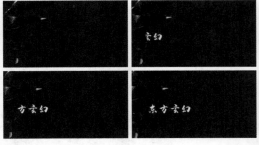

图3-15

3.2.2 课堂训练：制作海报

素材位置	素材文件 >CH03>02
实例位置	实例文件 >CH03> 课堂训练：制作海报
教学视频	课堂训练：制作海报 .mp4
学习目标	掌握图层的属性

本例制作的效果如图3-16所示。

图3-16

01 导入学习资源中的"素材文件>CH03>02"文件，然后在"项目"面板中双击"海报标题"合成，加载该合成，如图3-17所示。

图3-17

02 在"时间轴"面板中选择"背景.jpeg"图层，按S键展开"缩放"属性，然后设置"缩放"为（104,104)%，如图3-18所示。

图3-18

03 执行"图层>新建>调整图层"命令新建调整图层，并确保该调整图层在"背景.jpeg"图层上方，因为调整图层上应用的效果可以影响到其下方所有的图层。这里把该调整图层的"缩放"设置为（67,67)%，如图3-19所示。然后执行"效果>模糊和锐化>快速方框模糊"命令添加效果，把"模糊半径"设置为31，并勾选"重复边缘像素"复选框，如图3-20所示。

图3-19

图3-20

04 执行"图层>新建>文本"命令新建文字图层，然后输入DANCE ALL NIGHT PARTY这段文字，每个单词输入完成后，按Enter键换行。接着在"时间轴"面板中选择这个文字图层，并在"字符"面板中将"字体"设置为"方正黑体简体"，将"字体大小"设置为143像素，将"行距"设置为152像素，将"所选字符的字距间距"设置为51，将"水平缩放"设置为115%，并开启"仿粗体"和"全部大写字母"，如图3-21所示。将该图层的"位置"设置为（351.5,327.8），并确保该图层在合成的最上方。

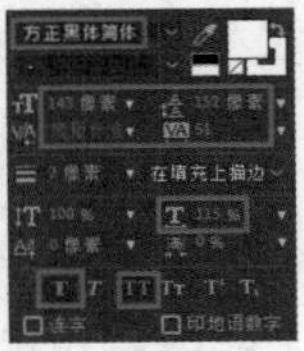

图3-21

05 执行"图层>新建>形状图层"命令新建形状图层。

在"工具"面板中选择"矩形工具" ■，然后单击蓝色的"填充"字样并将其设置为"纯色"，接着把填充颜色设置为（R:25,G:32,B:32），最后单击蓝色的"描边"字样并将其设置为"无"，如图3-22所示。

图3-22

06 在"合成"面板中绘制图3-23所示的矩形，形状大致与图中一致即可。单击该形状图层左侧的三角形图标 ▶，展开"内容>矩形1>位置（或者缩放）"，即可像操作图层一样单独地控制绘制的矩形。

图3-23

07 将步骤06中的形状图层向下移动到文字图层和调整图层之间，并设置其"不透明度"为43%，如图3-24所示。

图3-24

3.2.3 "位置"属性

"位置"属性主要用来制作图层的位移动画，展开"位置"属性的快捷键为P。普通2D图层的"位置"属性包括x轴和y轴2个参数，3D图层的"位置"属性包括x轴、y轴和z轴3个参数。图3-25所示是利用图层的"位置"属性制作的大楼移动动画效果。

图3-25

3.2.4 "缩放"属性

"缩放"属性可以以锚点为基准点来改变图层的大小，展开"缩放"属性的快捷键为S。普通2D

图层的"缩放"属性由x轴和y轴两个参数组成，3D图层包括x轴、y轴和z轴3个参数。在缩放图层时，可以激活图层"缩放"属性右侧的"约束比例"图标 🔗，这样可以进行等比例缩放操作。图3-26所示是使用图层的"缩放"属性制作的灯笼放大动画。

图3-26

3.2.5 "旋转"属性

"旋转"属性以锚点为基准点旋转图层，展开"旋转"属性的快捷键为R。普通2D图层的"旋转"属性由"圈数"和"度数"两个参数组成，如（1x+45°）就表示旋转1圈又45°。图3-27所示的是使用"旋转"属性制作的灯笼旋转动画。

图3-27

3.2.6 "锚点"属性

图层的移动、旋转和缩放都是基于锚点来操作的，展开"锚点"属性的快捷键为A。当进行移动、旋转或缩放操作时，锚点在不同位置将得到完全不同的效果。图3-28所示是将锚点设在黑色背景处，然后通过设置"缩放"属性制作的烟花炸开动画。

图3-28

3.2.7 "不透明度"属性

"不透明度"属性以百分比的方式来调整图层的不透明度，展开"不透明度"属性的快捷键为T。图3-29所示是利用"不透明度"属性制作的烟花闪现动画。

图3-29

> ⓘ **技巧与提示**
>
> 在一般情况下，按一次图层属性的快捷键只能显示一种属性。如果要一次性显示两种或两种以上的图层属性，可以在显示一个图层属性的前提下按住Shift键，然后按其他图层属性的快捷键。

3.3 图层的基本操作

本节介绍图层的基本操作，这部分内容比较重要，是后续制作效果的基础，请读者务必掌握。

3.3.1 课堂训练：踏行天际

素材位置	素材文件 >CH03>03
实例位置	实例文件 >CH03> 课堂训练：踏行天际
教学视频	课堂训练：踏行天际 .mp4
学习目标	掌握图层的基本操作

本例制作的效果如图3-30所示。

图3-30

01 导入学习资源中的"素材文件>CH03>03>课堂训练：踏行天际.aep"文件，接着在"项目"面板中双击"父子运动"合成，加载该合成，如图3-31所示。

02 执行"图层>新建>空对象"命令创建 3 个 空 对 象 图 层 ， 然 后 将"踏""行""天""际"图层作为"空2"图层的子图层，接着将"英文"和"条"图层作为"空3"图层的子图层，最后将"空2"和"空3"图层作为"空1"图层的子图层，如图3-32所示。

图3-31

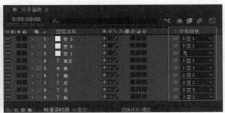
图3-32

03 选择"空1"图层，按P键展开"位置"属性，然后在第20帧处设置"位置"为（535,202.5）并激活关键帧，在第1秒5帧处设置"位置"为（360,202.5）；接着按S键展开"缩放"属性，在第0帧处设置"缩放"为（0,0）%并激活关键帧，在第15帧处设置"缩放"为（90,90）%，在第4秒处设置"缩放"为（100,100）%，如图3-33所示。

图3-33

04 选择"空2"图层，按P键展开"位置"属性，然后在第1秒3帧处设置"位置"为（363,0）并激活关键帧，在第1秒18帧处设置"位置"为（0,0）；接着选择"空3"图层，按P键展开"位置"属性，在第1秒16帧处设置"位置"为（380,0）并激活关键帧，在第2秒6帧处设置"位置"为（0,0），如图3-34所示。

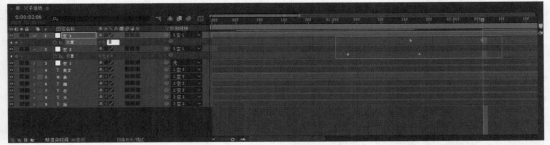
图3-34

05 将"踏""行""天""际"图层的入点时间设置在第1秒3帧处，然后设置这4个图层的"不透明度"属性关键帧。在第1秒3帧处设置"不透明度"为0%，在第1秒10帧处设置"不透明度"为100%，如图3-35所示。

图3-35

06 将"英文"和"条"图层的入点时间设置在第1秒20帧处，然后设置这两个图层的"不透明度"属性关键帧。在第1秒20帧处设置"不透明度"为0%，在第2秒5帧处设置"不透明度"为100%，如图3-36所示。

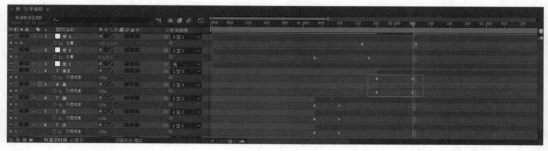

图3-36

07 按0键预览效果，如图3-37所示。预览结束后对影片进行输出和保存。

图3-37

3.3.2 课堂训练：制作倒计时动画

素材位置	素材文件 >CH03>04
实例位置	实例文件 >CH03> 课堂训练：制作倒计时动画
教学视频	课堂训练：制作倒计时动画 .mp4
学习目标	掌握序列图层的具体应用

本例制作的效果如图3-38所示。

图3-38

> ① 技巧与提示
>
> 由于篇幅限制，读者可以观看教学视频进行学习。

3.3.3 图层的排列顺序

在"时间轴"面板中可以观察到图层的排列顺序。合成中最上面的图层显示在"时间轴"面板的顶层，然后依次为第2层、第3层……改变"时间轴"面板中图层的顺序，将改变合成的最终输出效果。

执行"图层>排列"子菜单中的命令可以调整图层的顺序，如图3-39所示。

图3-39

命令详解

• **将图层置于顶层**：将选择的图层调整到顶层，快捷键为Ctrl+Shift+]。

• **使图层前移一层**：将选择的图层向上移动一层，快捷键为Ctrl+]。

• **使图层后移一层**：将选择的图层向下移动一层，快捷键为Ctrl+[。

• **将图层置于底层**：将选择的图层调整到底层，快捷键为Ctrl+Shift+[。

> ① 技巧与提示
>
> 当改变调整图层的排列顺序时，位于调整图层下面的所有图层的效果都将受到影响。在3D图层中，由于3D图层是按照z轴的远近深度的顺序进行渲染的，所以在3D图层组中，即使改变这些图层在"时间轴"面板中的排列顺序，显示出来的最终效果也不会改变。

3.3.4 图层的对齐和分布

使用"对齐"面板可以对图层进行对齐和平均分布操作。执行"窗口>对齐"命令可以打开"对齐"面板，如图3-40所示。

图3-40

⊙ 技巧与提示

在进行对齐和分布图层操作时需要注意以下5点问题。

第1点：在对齐图层时，至少需要选择两个图层；在平均分布图层时，至少需要选择3个图层。

第2点：如果选择右边对齐的方式来对齐图层，所有图层都将以最右边的图层为基准进行对齐；如果选择左边对齐的方式来对齐图层，所有图层都将以最左边的图层为基准进行对齐。

第3点：如果选择平均分布方式来分布图层，After Effects 2023会自动找到位于最上方、最下方或最左侧、最右侧的图层来平均分布位于其间的图层。

第4点：被锁定的图层不能进行对齐和分布操作。

第5点：文字（非文字图层）的对齐方式不受"对齐"面板的影响。

3.3.5 序列图层

在"时间轴"面板中依次选择作为序列图层的图层，然后执行"动画>关键帧辅助>序列图层"命令，打开"序列图层"对话框，如图3-41所示。

图3-41

参数详解

• **重叠**：用来设置是否使图层交叠。

• **持续时间**：用来设置图层交叠的时间。

• **过渡**：用来设置交叠部分的过渡方式。使用"序列图层"命令后，图层会依次排列。如果不勾选"重复"复选框，序列图层的首尾将连接起来，但是不会产生交叠现象，如图3-42所示。

图3-42

如果勾选"重叠"复选框，序列图层的首尾将产生交叠，并且可以设置交叠时间和交叠部分是否产生淡入淡出效果，如图 3-43所示。

图3-43

> **⊘ 技巧与提示**
>
> 　　选择的第1个图层是最先出现的图层，后面的图层将依次排列。另外，"持续时间"参数主要用来设置图层交叠的时间，"过渡"参数主要用来设置交叠部分的过渡方式。

3.3.6 设置图层时间

　　设置图层时间的方法主要有以下两种。

　　第1种： 在"时间轴"面板中的出入点时间上拖曳，或单击时间点，然后在打开的对话框中直接输入数值来改变图层的出入点时间，如图3-44所示。

　　第2种： 在"时间轴"面板中，通过拖曳图层的出入点进行设置，如图3-45所示。

图3-44

> **⊘ 技巧与提示**
>
> 　　设置素材入点的快捷键为Alt+[，设置出点的快捷键为Alt+]。

图3-45

3.3.7 拆分图层

　　拆分图层就是在指定的时间处将一个图层拆分为多个图层。选择需要分离或打断的图层，然后在"时间轴"面板中将时间指示器拖曳到需要分离的位置，如图3-46所示。接着执行"编辑>拆分图层"命令或按快捷键Ctrl+Shift+D，如图3-47所示。这样就可以把图层在当前时间处分离，如图3-48所示。

图3-46

图3-47

图3-48

① 技巧与提示

　　在拆分图层时，一个图层会被分离为两个图层。如果要改变两个图层在"时间轴"面板中的排列顺序，可以执行"编辑>首选项>常规"命令，然后在打开的"首选项"对话框中进行设置，如图3-49所示。

图3-49

3.3.8 提升/提取图层

　　在一段视频中，有时候需要移除其中的某几个片段，这时就需要使用"提升工作区域"和"提取工作区域"命令，这两个命令都具备移除部分镜头的功能，但是它们也有一定的区别。下面通过实际操作来讲解提升和提取图层的操作方法。

　　第1步：在"时间轴"面板中拖曳工作区域的开始点和结束点，确定要提升或提取的片段，如图3-50所示。

　　第2步：选择需要提取和提升的图层，然后执行"编辑>提升工作区域（或提取工作区域）"命令，如图3-51所示。

图3-50

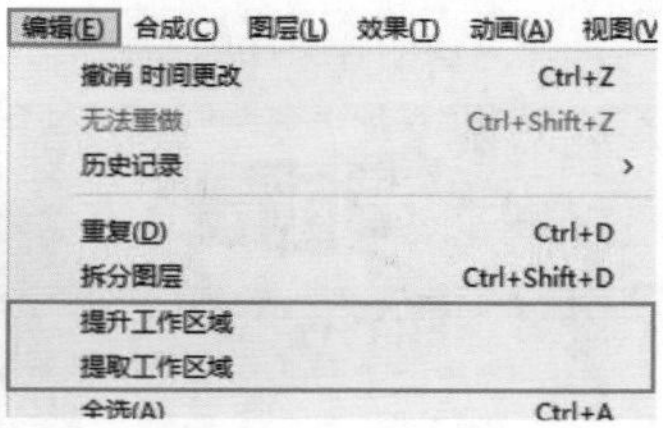

图3-51

　　下面介绍"提升工作区域"和"提取工作区域"两个命令的区别。

　　使用"提升工作区域"命令可以移除工作区域内被选择图层的帧画面，但是被选择图层的总时间长度不变，中间会保留删除帧画面后的空隙，如图3-52所示。

　　使用"提取工作区域"命令可以移除工作区域内被选择图层的帧画面，但是被选择图层的总时间长度会缩短，同时图层会被剪切成两段，后段的入点将连接前段的出点，不会留下任何空隙，如图3-53所示。

图3-52

图3-53

3.3.9 父子图层/父子关系

　　当移动一个图层时，如果要使其他的图层也跟随该图层发生相应的变化，可以将该图层设置为父图层，如图3-54所示。

图3-54

当为父图层设置变换属性（"不透明度"属性除外）时，子图层也会随着父图层产生变化。设置父图层的变换属性会导致所有子图层发生联动变化，但设置子图层的变换属性不会对父图层产生任何影响。

⚠ **技巧与提示**

一个父图层可以同时拥有多个子图层，但是一个子图层只能有一个父图层。在3D空间中，通常会使用一个空对象图层作为一个3D图层组的父图层，利用这个空对象图层可以使3D图层组产生变化。

若"时间轴"面板中没有"父级和链接"模块，可按快捷键Shift+F4打开。

3.4　课后习题

学习完前面的知识，读者应该对图层的基本操作有了一定的了解。这里安排了两个课后习题供读者练习，力求帮助读者掌握图层的相关操作技巧。

3.4.1　课后习题：制作翻转相册

素材位置	素材文件 >CH03>05
实例位置	实例文件 >CH03> 课后习题：制作翻转相册
教学视频	课后习题：制作翻转相册 .mp4
学习目标	熟悉图层的排列方式

本习题的效果如图3-55所示。

图3-55

操作提示

第1步：打开"素材文件>CH03>05>课后习题：制作翻转相册.aep"文件。

第2步：选择"时间轴"面板中的5个文字图层，然后使用排列图层的命令进行图层的排列。

3.4.2　课后习题：Logo转场

素材位置	素材文件 >CH03>06
实例位置	实例文件 >CH03> 课后习题：Logo 转场
教学视频	课后习题：Logo 转场 .mp4
学习目标	掌握图层的基本操作

本习题的效果如图3-56所示。

图3-56

操作提示

第1步：打开"素材文件>CH03>06>课后习题：Logo转场.aep"文件。

第2步：选择"时间轴"面板中的3个图层，然后将持续时间改为3秒。

第3步：选择"时间轴"面板中的3个图层，然后使用排列图层的命令进行图层的排列。

第 4 章

关键帧动画

本章导读

在不同的时间点上为各个元素赋予不同的属性值，可初步让这些元素产生"动"的效果。通过对关键帧进行有序的排列，还能使动画富有律动感，为原本单调乏味的画面添加一些趣味。这就需要我们设计好关键画面，并且对时间轴的用法有着深入的理解。借助"图表编辑器"，我们可以更加直观地调节元素的运动曲线，制作更复杂的动画。

学习目标

◆ 理解时间轴对关键帧的影响。

◆ 掌握关键帧的用法。

◆ 掌握"图表编辑器"的用法。

4.1 时间与关键帧

时间轴可以让图层在时间维度上的变化可视化，方便我们对图层的效果进行调整。时间轴上有两个对动画的律动起关键作用的因素，那就是时间和关键帧。时间可以让属性值在一定范围内变化，关键帧可以在既定的时间内设计并补充画面，巧妙地使用两者，可以让动画的运动更多样化。

4.1.1 时间的概念

通过时间轴，我们可以看到图层在不同时间的属性变化，其中时间是指合成的运行时间、图层的时间和时间范围。了解了After Effects 2023中的时间概念，我们就能明白画面的切换原理，让画面衔接得更加流畅。

运行时间

运行时间指的是时间指示器所在位置的时间。每一个图层都有对应的一个图层持续时间条，位于时间标尺的下方。通过移动图层持续时间条上的时间指示器，我们既可以在时间码中看到当前时间在整段时间中的位置和占比，又可以在"时间轴"面板的左上方（也是时间码）看到当前时间的具体数值，如图4-1所示。

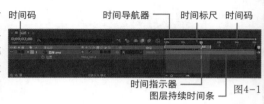

图4-1

技巧与提示

时间码既可以秒数的形式显示，又可以帧数的形式显示，同时时间导航器上的时间码的显示方式也会发生相应的变化。按住Ctrl键并单击时间数值可以实现这两种显示形式的切换，如图4-2所示。

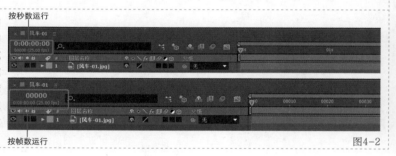

图4-2

图层的时间

图层的时间包括图层的开始时间、结束时间和持续时间等，这些属性决定图层在视频中何时出现、何时消失，以及以什么样的方式播放。

在图层持续时间条中，首端表示该图层的开始时间，尾端表示该图层的结束时间，两者相减即持续时间。图4-3所示的图层的开始时间是第0秒（图层的进入点），结束时间是第5秒（图层的输出点），可见该图层上的动画持续时间为5秒。

图4-3

技巧与提示

在图层属性的列名处单击鼠标右键，可以在"列数"子菜单中选择"入""出""持续时间"选项，如图4-4所示，直接对相关属性进行调整。

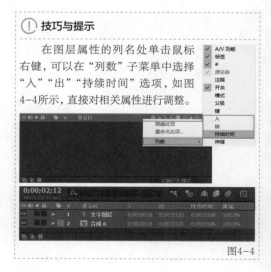

图4-4

图层持续时间条以一个长条来显示，其首尾两端均可拖曳，即在整体上改变图层的进入点和输出点的位置，以便调整当前图层的持续时间，此时图层不会发生变化，如图4-5所示。将鼠标指针放在图层持续时间条的首端或尾端，待出现双箭头标志时拖曳，可更改图层的开始时间或结束时间，这样并不会改变图层原本的播放速度，如图4-6所示。

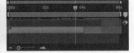

图4-5   图4-6

在上述两个操作过程中，按住Shift键并拖曳图层持续时间条的首端或尾端，可将其吸附到附近的特殊时刻处（包括时间指示器、标记及其他图层的起止时刻）。图4-7所示为移动时图层输出点自动吸附到了时间指示器所在的时刻，这一操作在需要精准控制图层的时间时十分有用。

图4-7

知识点：使元素在出场时有先后顺序

通过拖曳对应图层上的图层持续时间条，可以调整每个图层出现的先后顺序，如图4-8所示。

图4-8

删除多余的图层持续时间条，也可以调整每个图层出现的先后顺序。将时间指示器放到相应位置，按快捷键Alt＋]，表示删除时间指示器右侧的图层持续时间条，如图4-9所示；按快捷键Alt＋[，表示删除时间指示器左侧的图层持续时间条。删除多余的图层持续时间条后，被删除部分的图层及其动画将不再显示。

图4-9

"伸缩"模块的百分比为图层的时间伸缩数值（拉伸因数），如图4-10所示，指在合成中的时长为原本时长的百分比。例如，伸缩值为50%时，一段原本时长为10秒的视频在合成中只持续了5秒。

图4-10

技巧与提示

在图层名称或图层持续时间条处单击鼠标右键并选择"时间>时间伸缩"选项，在打开的对话框中可以更加精确地编辑图层的时间伸缩数值。通过"拉伸因数"或"新持续时间"可以设置时间伸缩数值，无论调整哪一个选项，After Effects 2023都会自动计算出另一项的数值。同时，在对话框的下方可以选择将"图层进入点""当前帧""图层输出点"作为定格的基准点，如图4-11所示。

图4-11

时间范围

时间标尺的上方是时间导航器，它起到调整时间跨度的作用，其首尾两端同样可以拖曳（按住Alt键并滚动鼠标滚轮也可以实现同样的效果）。时间标尺起到调整合成的显示时间范围的作用，其首尾两端同样可以拖曳。拖曳时间导航器两端时，时间标尺的长度会对应发生变化，但是时间标尺所显示的时间范围不会发生变化，如图4-12所示。

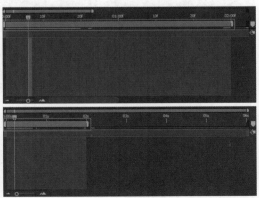

图4-12

4.1.2 关键帧的概念

关键帧的概念来源于传统的动画项目。项目负责人完成人物的关键动作制作，其他动画师完成中间画面的制作，由项目负责人制作的可以指导其他动画师绘制的画面就是关键帧。在After Effects 2023中也是如此。与众多动画软件相比，After Effects 2023进行了较大程度的优化，我们不需要完成所有画面的制作，只需要对关键的画面进行设计，由After Effects 2023自动计算出剩余的画面。在计算机动画术语中，我们设计的关键画面就是关键帧，软件自动补充生成的画面叫作过渡帧或中间帧。

使用关键帧时需要注意以下几点。

第1点： 在工作效率上，两个关键帧之间能自动生成中间动画。

第2点： 在动画的流畅度上，缓动关键帧的多样性设置可以让动画的节奏使人感觉更舒适。

第3点： 在动效的多样性上，图层不再只有简单的位置、旋转和缩放等的关键帧属性。对非矢量素材来说，图层包含"锚点""位置""缩放""旋转""不透明度"5种基本的变换属性，如图4-13所示。

图4-13

对矢量素材来说，除了基本的变换属性，还包含"形状路径""描边""填充""变换：形状"4种形状属性，如图4-14所示。

图4-14

> (!) **技巧与提示**
>
> 矢量素材是指在After Effects 2023中用形状工具或钢笔工具绘制的图形（不包括导入的矢量文件），形状属性将在第6章进行详细的讲解。

4.2 关键帧的编辑

第2章大致介绍了关键帧的使用方法，现在我们又知道了关键帧间的变化是由计算机来完成的，下面我们就来学习如何通过编辑关键帧来实现动画的设计。

4.2.1 课堂训练：纸飞机路径动画

素材位置	素材文件 >CH04>01
实例位置	实例文件 >CH04> 课堂训练：纸飞机路径动画
教学视频	课堂训练：纸飞机路径动画 .mp4
学习目标	了解关键帧的调节对画面的影响

本例的动画静帧图如图4-15所示。

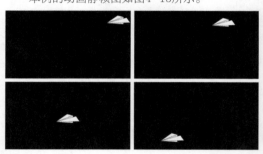

图4-15

01 新建一个合成，并将其命名为"纸飞机"，然后导入本书学习资源中的"素材文件>CH04>01>纸飞机.png"文件，并将其拖入合成中，如图4-16所示。

图4-16

02 选择"纸飞机.png"图层，然后将纸飞机移动到画面的右上角，按P键调出"位置"属性，接着单击左侧的秒表按钮⬭激活其关键帧，在第0秒处设置一个起始关键帧，如图4-17所示。

图4-17

03 分别将时间指示器移动到第2秒和第4秒处，然后将纸飞机移动到①、②位置附近，这时会自动创建"位置"属性关键帧，如图4-18所示。

图4-18

04 让纸飞机的运动轨迹大致呈S形，以给人一种律动感。这里分别在第1秒和第3秒时将纸飞机移动到图4-19所示的③、④位置附近，同样会自动创建"位置"属性关键帧。

图4-19

05 纸飞机在运动的同时受到重力和空气阻力的影响，且空气阻力的影响更大，因此纸飞机平缓飞行时的速度较慢，下落时的速度较快，可见纸飞机在起飞和落地期间所耗费的时间较长。将第1秒和第3秒处的关键帧分别向第2秒靠近，移动的数值约为半秒（在此合成中为15帧），然后按住Ctrl键并单击移动后的两个关键帧，将其转变为圆形关键帧；接着按住Shift键并多选第0秒和第4秒的关键帧，按F9键将其转换为缓动关键帧，如图4-20所示。

图4-20

06 单击"播放"按钮▶，观看制作好的纸飞机动画，该动画的静帧图如图4-21所示。

图4-21

4.2.2 选择关键帧

通过单击可选中单个关键帧，当我们需要选中若干个属性的多个关键帧时，可以按住鼠标左键，然后框选，如图4-22所示。

图4-22

当我们需要选择某一属性的所有关键帧时，只需要单击该属性的名称即可，如图4-23所示。

图4-23

> (!) **技巧与提示**
>
> 如果在多选了图层的情况下，激活其中一个图层的关键帧，那么被选中的图层的关键帧都将被激活；同理，在多选了图层的情况下，设置其中一个图层的属性，那么被选中的图层的相应属性也将被设置为同样的数值，如图4-24所示。

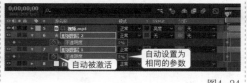

图4-24

4.2.3 编辑关键帧

关键帧用于记录某一属性在特定时间的数值，编辑关键帧自然就包括改变关键帧的数值及关键帧在时间轴上的位置。

1.编辑关键帧数值

在编辑单个关键帧的数值前，需要保证时间指示器位于关键帧所在的时刻，此时该属性左侧的秒表按钮高亮显示，通过拖曳或在框内输入数值都可以改变关键帧的数值，如图4-25所示。

图4-25

若要同时设置多个关键帧的数值，需要先使目标关键帧处于被选中的状态，并让时间指示器位于任意一个所选关键帧的位置，然后拖曳或在框内输入数值即可，如图4-26所示。

图4-26

> (!) **技巧与提示**
>
> 除此之外，还有一种设置关键帧数值的方式，该方式对时间指示器的位置没有要求。双击想要更改的关键帧，并在弹出的对话框中输入数值，单击"确定"按钮，如图4-27所示。

图4-27

2.改变关键帧位置

选择目标关键帧，拖曳即可改变其位置，如图4-28所示；选中多个关键帧后，拖曳任意一个目标关键帧，即可改变所选关键帧的位置，如图4-29所示。

图4-28

图4-29

选中一个或多个关键帧，然后用快捷键Ctrl+C进行复制并用快捷键Ctrl+V进行粘贴，粘贴的位置是由时间指示器的位置决定的。在复制了多个关键帧时，以第1个关键帧为基准开始粘贴。另外，除了可以在同一图层的同一属性内进行复制和粘贴，

After Effects 2023还支持在不同图层的同一属性处进行复制和粘贴。例如，图4-30中将"形状图层1"中的"缩放"属性的关键帧复制到了"形状图层2"中。

图4-30

◼ 知识点：不改变相对位置时改变关键帧速度的方法

按照上述方法移动关键帧时，所选关键帧的相对位置是保持不变的。有时制作好一个动画后需要改变动画的播放时间，但又不希望改变关键帧的相对位置，那么此时就需要同时改变关键帧的速度。按住Alt键并拖曳左端或右端的关键帧，这样所选关键帧便能以另外一端的关键帧为基准延长或缩短。例如，在图4-31中，原本位于2~6秒的关键帧被延长到了2~8秒。

移动前　　　　　移动后

图4-31

4.2.4 关键帧的类型

前面提到的关键帧的形状菱形，这是最普通的关键帧。在两个菱形关键帧之间，属性值按固定速度变化，即线性变化。当要让动画看起来更加平滑或要定格画面时，就需要改变关键帧的类型。

1.缓动关键帧

平缓类关键帧包括缓动关键帧、缓入关键帧和缓出关键帧。选中普通关键帧，单击鼠标右键，可以选择"缓动""缓入""缓出"选项切换关键帧的类型，如图4-32所示。

图4-32

重要选项介绍

• **缓动**：让某一时刻的动画变平滑，快捷键为F9。

• **缓入**：让所选关键帧左侧的动画变得平滑，快捷键为Shift+F9。

• **缓出**：让所选关键帧右侧的动画变得平滑，快捷键为Ctrl+Shift+F9。

2.圆形关键帧

圆形关键帧同样属于平缓类关键帧，按住Ctrl键后单击菱形关键帧，即可将其转换为圆形关键帧。虽然都是平缓类关键帧，但是圆形关键帧和缓动关键帧在速度上有明显的区别，缓动关键帧使物体在该时间点的速度降低到0，而圆形关键帧则是平滑该时间点的变化速度。为了方便读者区分，下面通过"图表编辑器"来观察这两类关键帧的速度变化曲线，如图4-33所示。

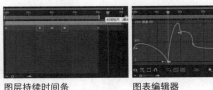

图层持续时间条　　　　图表编辑器

图4-33

3.定格关键帧

定格关键帧不同于以上两类关键帧，定格关键帧会让一侧的动画定格，直到下一个关键帧才会恢复正常。定格关键帧常用来制作静止或突变效果。选中任何一种关键帧，单击鼠标右键并选择"切换定格关键帧"选项，如图4-34所示，即可将其转换为定格关键帧。

图4-34

4.菱形关键帧

按住Ctrl键并单击特殊关键帧，就能将其恢复成普通的菱形关键帧。

4.3 图表编辑器

在制作某些复杂的动画时，仅在时间轴上添加关键帧往往不能实现想要的效果。因为我们无法直观地看到数值变化的效果，而重复地更改数值并预览则会使工作效率降低，使用"图表编辑器"能解决这个问题。

4.3.1 课堂训练：日落动画

素材位置	素材文件 >CH04>02
实例位置	实例文件 >CH04> 课堂训练：日落动画
教学视频	课堂训练：日落动画 .mp4
学习目标	掌握"不透明度"属性关键帧的用法

本例的动画静帧图如图4-35所示。

图4-35

01 导入学习资源中的"素材文件>CH04>02>海岛.png、太阳.png"文件，然后选择"海岛.png"素材，单击鼠标右键并选择"基于所选项新建合成"选项，如图4-36所示，即可建立一个大小与该素材相同的合成，同时该合成会被自动命名为"海岛"。

图4-36

02 按快捷键Ctrl+Y新建一个纯色图层，并将其重命名为"背景"，设置"颜色"为橙色（R:255，G:137,B:70）；再次新建一个纯色图层，并将其重命名为"黑幕"，设置"颜色"为黑色。将"太阳.png"素材拖入合成中，并调整图层的顺序，将"黑幕""海岛.png""太阳.png""背景"图层按照从上到下的顺序进行排列，并设置"黑幕"图层的"不透明度"为0%，如图4-37所示。

图4-37

03 在开始时太阳应该悬挂在空中，太阳下落一定时间后，夜幕才开始降临。选择"太阳.png"图层，按S键调出"缩放"属性，并设置该属性值为（50,50）%；按P键调出"位置"属性，并设置该属性值为（250,150）。此时的合成预览效果如图4-38所示。

图4-38

04 选择"黑幕"图层，按T键调出"不透明度"属性，单击左侧的秒表按钮激活其关键帧；选择"太阳.png"图层，按P键调出"不透明度"属性，单击左侧的秒表按钮激活其关键帧，如图4-39所示。

图4-39

05 将时间指示器移动到第3秒处，设置"黑幕"图层的"不透明度"为100%，"太阳.png"图层的"位置"为（500,800），如图4-40所示。

图4-40

06 在第1秒的时候夜幕开始降临，因此选择"黑幕"图层，将第0秒的关键帧移动到第1秒处。选择全部的关键帧，按F9键将其转变为缓动关键帧，如图4-41所示。

图4-41

07 单击"播放"按钮▶，观看制作好的日落动画，该动画的静帧图如图4-42所示。

图4-42

4.3.2 课堂训练：进度条动画

素材位置	素材文件 >CH04>03
实例位置	实例文件 >CH04> 课堂训练：进度条动画
教学视频	课堂训练：进度条动画 .mp4
学习目标	掌握"位置"属性关键帧的用法

本例的动画静帧图如图4-43所示。

图4-43

01 新建一个合成，并将其命名为"进度条"。导入本书学习资源中的"素材文件>CH04>03>进度条框.png、进度条.png"文件，并将其拖入合成中，如图4-44所示。

图4-44

02 选择"进度条.png"图层，按P键调出"位置"属性，单击左侧的秒表按钮◎激活其关键帧，在第0秒处创建一个起始关键帧，如图4-45所示。

图4-45

03 设置"位置"为（1366,540），在第2秒处设置一个终止关键帧，如图4-46所示。

图4-46

04 选中两个关键帧，按F9键将其转换为缓动关键帧。单击"图表编辑器"按钮，进入"图表编辑器"，然后单击"选择图表类型和选项"按钮，在弹出的下拉菜单中选择"编辑值图表"命令，如图4-47所示。

图4-47

05 选中"位置"属性，单击鼠标右键并选择"单独尺寸"选项，拆分出"X位置"属性和"Y位置"属性，并只选中"X位置"属性，如图4-48所示。

06 通过手柄调整"X位置"属性的值曲线的形状，使其先陡峭后平缓，如图4-49所示，表示速度先快速后缓慢。

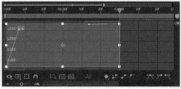

图4-48　　　　　　　　　　　　　　　　　　　　　　图4-49

07 单击"播放"按钮，观看制作好的进度条动画，该动画的静帧图如图4-50所示。

图4-50

4.3.3 切换"图表编辑器"

单击"时间轴"面板中的"图表编辑器"按钮，这时右侧的图层持续时间条会切换为"图表编辑器"，"图表编辑器"内显示的是属性值的变化情况。图表中的横轴表示时间，纵轴表示属性值，曲线上的小方块为对应时刻的关键帧。图4-51显示的是图层的"不透明度"属性值从100%降到50%，再从50%回到100%的过程。

图4-51

退出"图表编辑器"，将中间的关键帧切换为缓动关键帧；再次进入"图表编辑器"，这时"不透明度"属性的值曲线更加平滑，如图4-52所示。这就是使用"图表编辑器"的优势，即可以直观地查看属性值的变化。

图4-52

4.3.4 图表显示内容

在4.3.3小节中，"图表编辑器"中显示的是属性值在不同时刻的情况。除了值曲线外，"图表编辑器"还可以显示速度曲线。单击"图表编辑器"底部的"选择图表类型和选项"按钮█，弹出的下拉菜单中有"编辑值图表"和"编辑速度图表"两个命令可以选择，如图4-53所示，以决定是否显示相应曲线。

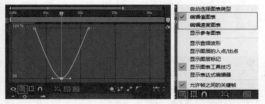

图4-53

当选择"编辑速度图表"命令时，"图表编辑器"内显示的是速度的变化情况。图表中的横轴表示时间，纵轴表示属性值变化速度，曲线上的小方块为关键帧。图4-54显示的是"不透明度"属性值的变化速度，可以看出两侧的速度较快，中间的速度较慢，代表这段动画在开始和结束时的变化较快，中途的变化较缓。

图4-54

重要命令介绍

• **自动选择图表类型**：自动选择显示值曲线或速度曲线。

• **显示参考图表**："图表编辑器"中同时显示值曲线和速度曲线作为参考线，如图4-55所示。

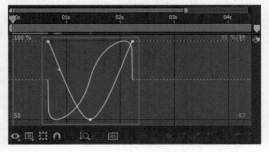

图4-55

• **显示音频波形**：在"图表编辑器"的背景中显示所选图层的音频波形（需要同时选中音频），如图4-56所示。

图4-56

• **显示图层的入点/出点**：在"图表编辑器"中显示图层的入点和出点，如图4-57所示。

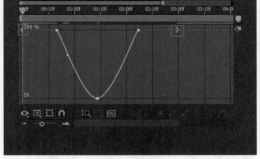

图4-57

• **显示图层标记**：在"图表编辑器"中显示图层的标记，如图4-58所示。

图4-58

• **显示表达式编辑器**：在"图表编辑器"中显示表达式文本框，如图4-59所示。

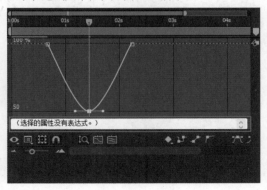

图4-59

- **显示图表工具技巧**：该命令处于勾选状态时，将鼠标指针悬停在曲线上会显示对应时刻的图层名称和属性值（或速度值），如图4-60所示。

图4-60

4.3.5 调整图表显示范围

"图表编辑器"是时间轴的另一种显示方式，其作用并没有发生改变，其显示范围同样随着时间导航器的变化而变化，如图4-61所示。

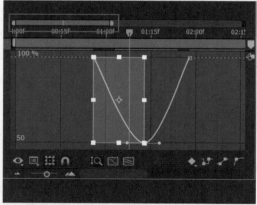

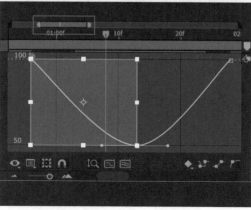

图4-61

除了调整时间导航器，"图表编辑器"还提供了3种更加便利的方式来调整图表的显示范围，分别为"自动缩放图表高度""使选择适于查看""使所有图表适于查看"。

1.自动缩放图表高度

单击"自动缩放图表高度"按钮，图表的纵轴显示范围会自动调整，恰好略微超过时间导航器范围内的曲线的最大值和最小值，便于我们更改参数或拖曳时间导航器时查看，如图4-62所示。

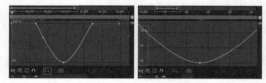

图4-62

2.使选择适于查看

使用"使选择适于查看"功能需要先选中一段或多段曲线。例如，同时选中一段下降的曲线，单击"使选择适于查看"按钮，时间导航器的范围将自动调整，这时曲线被缩放到了适合整个图表框的大小，如图4-63所示。

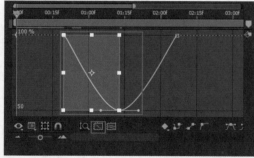

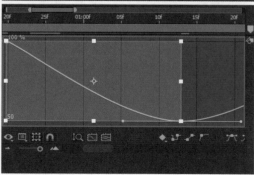

图4-63

3.使所有图表适于查看

"使所有图表适于查看"功能针对有多条曲线显示在图表中的情况。在图4-64中，图层的"旋转"和"不透明度"属性均设置了关键帧，选择这两个属性后，可以看到两个属性的值曲线同时显示在图表中。

图4-64

单击"使所有图表适于查看"按钮图，时间导航器的范围将自动调整，这时显示的所有曲线均被缩放到了适合整个图表框的大小，如图4-65所示。

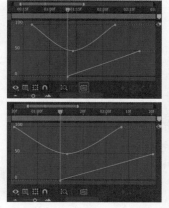

图4-65

4.3.6 在"图表编辑器"中编辑关键帧

图表中的小方块表示的是属性关键帧，因此我们可以在"图表编辑器"中通过编辑小方块来编辑关键帧。与在"时间轴"面板中编辑属性关键帧的方式相同，拖曳、使用快捷键或执行命令均可更改属性关键帧，但在"图表编辑器"中用拖曳的方法显然更加便利。

除了能更改关键帧所处的时间点外，还能直接更改关键帧的值。在"图表编辑器"中拖曳关键帧时，水平方向的位移对应所处时间的变化，竖直方向的位移对应属性值（或值的变化速度）的变化，如图4-66所示。在拖曳小方块的过程中，

弹出的黄色框中将实时显示小方块所处位置的时间和属性值（包括与原始关键帧的差值）。当我们只想改变关键帧的值或时间时，只需在拖曳时按住Shift键即可。

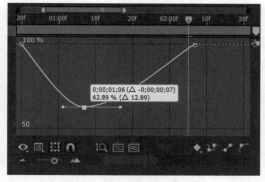

图4-66

当我们选中一个或多个关键帧时，还可以通过"图表编辑器"底部的按钮编辑关键帧，如图4-67所示。

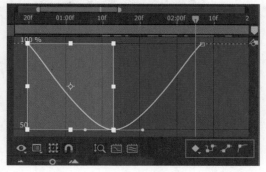

图4-67

重要按钮介绍

- **编辑选中的关键帧**■：单击该按钮，弹出的下拉菜单与在时间轴中单击鼠标右键的效果相同，如图4-68所示。

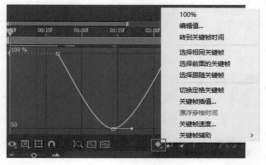

图4-68

- **定格关键帧** ：将选定的关键帧切换为定格关键帧。
- **线性化关键帧** ：将选定的关键帧切换为线性化关键帧，即普通的菱形关键帧。
- **自动贝塞尔曲线关键帧** ：将选定的关键帧切换为自动贝塞尔曲线关键帧，即圆形关键帧。

4.3.7 编辑曲线

在"图表编辑器"中选中缓动关键帧，这时小方块的两侧会各连接一个黄色的手柄（该手柄为圆形），如图4-69所示。使用手柄能更便利地调整曲线的形状。

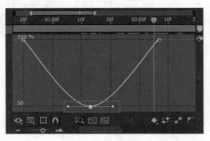

图4-69

> **⚠ 技巧与提示**
>
> 缓入关键帧和缓出关键帧的手柄只会在单侧出现。

一般通过控制手柄的方向和长度来调整曲线（关键帧的值或速度），当手柄的方向和关键帧的切线方向相同时，表示曲线的方向变化。若手柄呈水平状态，那么该点的曲线值的变化率很小；若手柄接近垂直状态，那么该点的曲线值的变化率很大。手柄的长度表示变化趋势被延伸的程度，长度越长，趋势被延伸的程度也就越大。在图4-70中，左侧的手柄由水平被调整到接近垂直，因此左侧的曲线发生变化，由缓和变得陡峭；右侧的手柄在方向上没有变化但是长度变长了，曲线变成开始时更平缓，结束时更陡峭的状态。

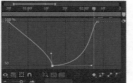

图4-70

4.4 课后习题

为了让读者对关键帧和"图表编辑器"的作用有更加透彻的了解，这里准备了两个课后习题供读者练习，如有不明白的地方可以观看教学视频。

4.4.1 课后习题：书掉落动画

素材位置	素材文件 >CH04>04
实例位置	实例文件 >CH04> 课后习题：书掉落动画
教学视频	课后习题：书掉落动画 .mp4
学习目标	掌握"旋转"属性关键帧的用法

本习题的动画静帧图如图4-71所示。

图4-71

4.4.2 课后习题：风扇变速动画

素材位置	素材文件 >CH04>05
实例位置	实例文件 >CH04> 课后习题：风扇变速动画
教学视频	课后习题：风扇变速动画 .mp4
学习目标	掌握"图表编辑器"的用法

本习题的动画静帧图如图4-72所示。读者需制作风扇扇叶逐渐加速旋转后逐渐停止的动画。

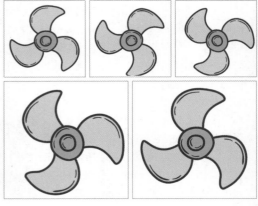

图4-72

第 5 章

图层混合模式与蒙版

本章导读

    After Effects 2023提供了丰富的图层混合模式，用来定义当前图层与其下层图层的混合模式。另外，当素材不含Alpha通道时，可以通过蒙版来建立透明区域。本章主要讲解After Effects 2023中图层混合模式与蒙版的具体应用。

学习目标

◆ 了解图层的混合模式。
◆ 掌握蒙版的创建方法。
◆ 了解蒙版的属性与混合模式。
◆ 掌握蒙版动画的制作方法。

5.1 图层混合模式

After Effects 2023提供了较为丰富的图层混合模式。图层混合模式能让一个图层与其下面的图层发生颜色叠加关系，并产生特殊的效果，最终该效果显示在"合成"面板中。

5.1.1 显示或隐藏混合模式选项

在After Effects 2023中，显示或隐藏混合模式选项有以下3种方法。

第1种：在"时间轴"面板中的类型名称区域，如图5-1所示，单击鼠标右键，选择"列数>模式"选项，如图5-2所示，可显示或隐藏混合模式选项。

图5-1

图5-2

第2种：在"时间轴"面板中单击"切换开关/模式"按钮 切换开关/模式 ，如图5-3所示，可显示或隐藏混合模式选项。

图5-3

第3种：在"时间轴"面板中，按F4键可以显示或隐藏混合模式选项，如图5-4所示。

图5-4

下面用两个素材来详细讲解图层的各种混合模式，一个为底层素材，如图5-5所示，另一个为当前图层素材（也可以理解为叠加图层的源素材），如图5-6所示。

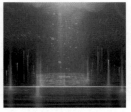
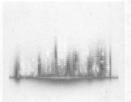

图5-5 图5-6

5.1.2 普通模式

普通模式主要包括"正常""溶解""动态抖动溶解"3种混合模式。在没有透明度影响的前提下，应用这种类型的混合模式产生的最终效果的颜色不会受底层像素颜色的影响，除非底层像素的不透明度小于当前图层。

1. "正常"模式

"正常"模式是After Effects 2023中的默认混合模式，当图层的"不透明度"为100%时，合成将根据Alpha通道正常显示当前图层，并且不受下层图层的影响，如图5-7所示。当图层的"不透明度"小于100%时，当前图层的每个像素的颜色将受到下层图层的影响。

图5-7

2. "溶解"模式

在图层有羽化边缘或"不透明度"小于100%时，"溶解"模式才起作用。"溶解"模式在当前图层选取部分像素，然后采用让颗粒图案随机的方式用下层图层的像素来取代刚才选取的像素，如图5-8所示。当前图层的"不透明度"越低，溶解效果越明显。

图5-8

图5-9

3."动态抖动溶解"模式

"动态抖动溶解"模式和"溶解"模式的原理相似，只不过"动态抖动溶解"模式可以随时更新随机值，而"溶解"模式的颗粒都是不变的。

5.1.3　变暗模式

变暗模式主要包括"变暗""相乘""线性加深""颜色加深""经典颜色加深""较深的颜色"6种

混合模式，这种类型的混合模式可以使图像的整体颜色变暗。

1."变暗"模式

"变暗"模式通过比较当前图层和下层图层的颜色亮度来保留较暗的颜色部分，如图5-10所示。例如，一个全黑的图层与任何图层的变暗叠加效果都是全黑的，而一个白色图层和任何图层的变暗叠加效果都是透明的。

图5-10

2."相乘"模式

"相乘"模式是一种减色模式，它将基本色与叠加色相乘，形成一种光线透过两张叠加在一起的幻灯片的效果，如图5-11所示。任何颜色与黑色相乘都将产生黑色，与白色相乘将保持不变，而与中间亮度的颜色相乘可以得到一种更暗的效果。

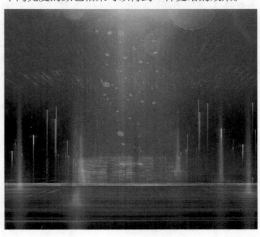

图5-11

3. "线性加深"模式

"线性加深"模式会比较基本色和叠加色的颜色信息，通过降低基本色的亮度来反映叠加色。与"相乘"模式相比，"线性加深"模式可以产生一种更暗的效果，如图5-12所示。

图5-12

4. "颜色加深"模式

"颜色加深"模式通过增大对比度来使颜色变暗（如果叠加色为白色，则不产生变化），以反映叠加色，如图5-13所示。

图5-13

5. "经典颜色加深"模式

"经典颜色加深"模式也通过增大对比度来使颜色变暗，以反映叠加色，如图5-14所示，但它的效果要优于"颜色加深"模式。

图5-14

6. "较深的颜色"模式

"较深的颜色"模式与"变暗"模式的效果相似，不同的是该模式不对单独的颜色通道起作用，如图5-15所示。

图5-15

> ⚠ 技巧与提示
>
> 在变暗模式中，"变暗"模式和"相乘"模式是使用频率较高的图层混合模式。

5.1.4 变亮模式

变亮模式主要包括"相加""变亮""屏幕""线性减淡""颜色减淡""经典颜色减淡""较浅的颜色"7种混合模式，这种类型的混合模式可以使图像的整体颜色变亮。

1. "相加"模式

"相加"模式对上下层图层对应的像素进行加法运算，可以使画面变亮，如图5-16所示。

图5-16

2. "变亮"模式

"变亮"模式与"变暗"模式相反，它可以查看每个通道中的颜色信息，并选择基本色和叠加色中较亮的颜色作为结果色（比叠加色暗的像素将被替换掉，而比叠加色亮的像素将保持不变），如图5-18所示。

图5-18

3. "屏幕"模式

"屏幕"模式是一种加色混合模式，与"相乘"模式相反，它可以将叠加色的互补色与基本色相乘，得到一种更亮的效果，如图5-19所示。

图5-19

4. "线性减淡"模式

"线性减淡"模式可以查看每个通道的颜色信息，并通过增大亮度来使基本色变亮，以反映叠加色（如果与黑色叠加，则不发生变化），如图5-20所示。

图5-20

5."颜色减淡"模式

"颜色减淡"模式通过减小对比度来使颜色变亮，以反映叠加色（如果叠加色为黑色，则不产生变化），如图5-21所示。

图5-21

6."经典颜色减淡"模式

"经典颜色减淡"模式也通过减小对比度来使颜色变亮，以反映叠加色，但其效果要优于"颜色减淡"模式。

7."较浅的颜色"模式

"较浅的颜色"模式与"变亮"模式相似，略有不同的是该模式不对单独的颜色通道起作用。

> ⊙ 技巧与提示
>
> 在变亮模式中，"相加"模式和"屏幕"模式是使用频率较高的图层混合模式。

5.1.5 叠加模式

在使用这种类型的混合模式时，需要比较当前图层的颜色亮度和下层图层的颜色亮度是否低于50%的灰度，然后根据不同的叠加模式创建不同的混合效果。

1."叠加"模式

"叠加"模式可以增强图像的颜色，并保留下层图像的高光和暗调，如图5-22所示。"叠加"

模式对中间调区域的影响比较明显，对高光区域和暗调区域的影响不大。

图5-22

2."柔光"模式

"柔光"模式可以使颜色变亮或变暗（具体效果取决于叠加色），如图5-23所示。

图5-23

3."强光"模式

使用"强光"模式时，当前图层中比50%灰色亮的像素会使图像变亮，比50%灰色暗的像素会使图像变暗。这种模式产生的效果与耀眼的聚光灯照在图像上的效果相似，如图5-24所示。

图5-24

4."线性光"模式

"线性光"模式可以通过减小或增大亮度来加深或减淡颜色,具体效果取决于叠加色,如图5-25所示。

图5-25

5."亮光"模式

"亮光"模式可以通过增大或减小对比度来加深或减淡颜色,具体效果取决于叠加色,如图5-26所示。

图5-26

6."点光"模式

"点光"模式可以替换图像的颜色,如图5-27所示。如果当前图层中的像素比50%灰色亮,则替换暗的像素;如果当前图层中的像素比50%灰色暗,则替换亮的像素。这种模式在为图像添加特效时非常有用。

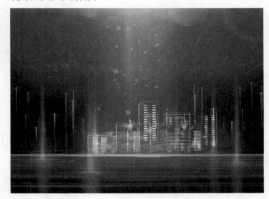

图5-27

7."纯色混合"模式

在使用"纯色混合"模式时,如果当前图层中的像素比50%灰色亮,则会使下层图像变亮;如果当前图层中的像素比50%灰色暗,则会使下层图像变暗。这种模式通常会使图像产生色调分离的效果,如图5-28所示。

图5-28

> ⚠ **技巧与提示**
>
> 在叠加模式中,"叠加"模式和"柔光"模式是使用频率较高的图层混合模式。

5.1.6 差值模式

差值模式主要包括"差值""经典差值""排除"等混合模式。这种类型的混合模式都基于当前图层和下层图层的颜色值来产生差异效果。

1. "差值"模式

"差值"模式可以从基本色中减去叠加色或从叠加色中减去基本色，具体取决于亮度值更大的颜色，如图5-29所示。

图5-29

2. "经典差值"模式

"经典差值"模式也可以从基本色中减去叠加色或从叠加色中减去基本色，但其效果要优于"差值"模式。

3. "排除"模式

"排除"模式与"差值"模式比较相似，但是该模式可以创建出对比度更低的叠加效果，如图5-30所示。

图5-30

5.1.7 色彩模式

色彩模式主要包括"色相""饱和度""颜色""发光度"4种混合模式。这种类型的混合模式会改变下层图像颜色的一个或多个色相、饱和度和明度。

1. "色相"模式

"色相"模式可以将当前图层的色相应用到下层图像的亮度和饱和度中，可以改变下层图像的色相，但不会影响其亮度和饱和度，如图5-31所示。对于黑色、白色和灰色区域，该模式不起作用。

图5-31

2. "饱和度"模式

"饱和度"模式可以将当前图层的饱和度应用到下层图像的亮度和色相中，可以改变下层图像的饱和度，但不会影响其亮度和色相，如图5-32所示。

图5-32

3. "颜色"模式

"颜色"模式可以将当前图层的色相与饱和度应用到下层图像的亮度中,但会保持下层图像的亮度不变,如图5-33所示。

图5-33

4. "发光度"模式

"发光度"模式可以将当前图层的亮度应用到下层图像的颜色中,可以改变下层图像的亮度,但不会对其色相与饱和度产生影响,如图5-34所示。

图5-34

> ⚠ **技巧与提示**
>
> 在色彩模式中,"发光度"模式是使用频率较高的图层混合模式。

5.1.8 蒙版模式

蒙版模式主要包括"模板Alpha""模板亮度""轮廓Alpha""轮廓亮度"4种混合模式。这种类型的混合模式可以将当前图层转化为下层图层的一个遮罩。

1. "模板Alpha"模式

"模板Alpha"模式可以穿过蒙版层的Alpha通道来显示多个图层,如图5-35所示。

图5-35

2. "模板亮度"模式

"模板亮度"模式可以穿过蒙版层的像素亮度来显示多个图层,如图5-36所示。

图5-36

3. "轮廓Alpha"模式

"轮廓Alpha"模式可以通过当前图层的Alpha通道来影响下层图像,使受影响的区域被剪切掉,如图5-37所示。

图5-37

4."轮廓亮度"模式

"轮廓亮度"模式可以通过当前图层的像素亮度来影响下层图像，使受影响的像素被部分剪切或被全部剪切，如图5-38所示。

图5-38

5.1.9 共享模式

共享模式主要包括"Alpha添加"和"冷光预乘"两种混合模式。这种类型的混合模式可以使下层图层与当前图层的Alpha通道或透明区域像素产生相互作用。

1."Alpha添加"模式

"Alpha添加"模式可以使下层图层与当前图层的Alpha通道共同建立一个无痕迹的透明区域，如图5-39所示。

图5-39

2."冷光预乘"模式

"冷光预乘"模式可以使当前图层的透明区域像素与下层图层产生相互作用，使边缘产生透镜和光亮效果，如图5-40所示。

图5-40

> ⚠ **技巧与提示**
>
> 使用快捷键Shift+-或Shift++可以快速切换图层的混合模式。

5.2 蒙版

在进行项目合成的时候，由于有的素材本身不具备Alpha通道，因此无法通过常规的方法将这些素材合成到镜头中。当素材没有Alpha通道时，可以通过创建蒙版来建立透明的区域。

5.2.1 课堂训练：灯光动画

素材位置	素材文件 >CH05>01
实例位置	实例文件 >CH05> 课堂训练：灯光动画
教学视频	课堂训练：灯光动画 .mp4
学习目标	掌握蒙版的操作方法

本例制作的蒙版动画效果如图5-41所示。

图5-41

01 导入本书学习资源中的"素材文件>CH05>01>房间.png"文件，并将其拖曳到"新建合成"按钮■上，即可创建一个"房间"合成，此时"时间轴"面板及素材效果如图5-42所示。

图5-42

02 给人物画上一束灯光。按快捷键Ctrl + Y创建一个纯色图层，并设置"颜色"为黄色（R:255，G:229,B:12），同时单击左侧的显示图标■，使纯色图层暂时不显示，接着使用"钢笔工具"■绘制图5-43所示的蒙版路径。

图5-43

03 在同样的位置单击，显示图标■，让纯色图层恢复显示，如图5-44所示。

图5-44

04 选择"黄色 纯色1"图层，按T键调出"不透明度"属性。将时间指示器移动到第0秒处，设置该属性值为0%，然后单击左侧的秒表按钮■激活其关键帧；将时间指示器移动到第2秒处，设置该属性值为30%，如图5-45所示，效果如图5-46所示。

图5-45　　　　　　　图5-46

05 按F键调出"蒙版羽化"属性，设置该属性值

为（40,40）像素，使光更加柔和。创建一个纯色图层，设置"颜色"为黑色，并将该图层放置在"黄色 纯色1"图层和"房间.png"图层之间，如图5-47所示，效果如图5-48所示。

图5-47　　　　　　　图5-48

06 选择"黄色 纯色1"图层，按快捷键Ctrl + C复制"蒙版1"，再选择"黑色 纯色2"图层，按快捷键Ctrl + V进行粘贴。选择"黑色 纯色2"图层，然后按M键调出"蒙版"属性，设置蒙版的混合模式为"相减"，如图5-49所示，效果如图5-50所示。

图5-49　　　　　　　图5-50

07 通过蒙版只让人物的周围变亮，而让画面中的其他部分变暗，从而突出人物的孤独感。选择"黑色 纯色2"图层，然后按T键调出"不透明度"属性。将时间指示器移动到第0秒处，设置该属性值为0%，然后单击左侧的秒表按钮■激活其关键帧，如图5-51所示；将时间指示器移动到第2秒处，设置该属性值为80%，如图5-52所示。

图5-51

图5-52

08 单击"播放"按钮▶，观看制作好的灯光动画，该动画的静帧图如图5-53所示。

图5-53

5.2.2 课堂训练：遮罩分割演示动画

素材位置	素材文件 >CH05>02
实例位置	实例文件 >CH05> 课堂训练：遮罩分割演示动画
教学视频	课堂训练：遮罩分割演示动画 .mp4
学习目标	掌握蒙版动画的应用

本例制作的蒙版动画效果如图5-54所示。

图5-54

01 导入学习资源中的"素材文件>CH05>02>课堂训练：遮罩分割演示动画.aep"文件，在"项目"面板中双击"遮罩分割演示动画"合成，如图5-55所示，加载该合成。

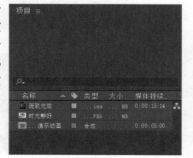

图5-55

02 在"时间轴"面板中选择"时光静好"图层，然后使用"工具"面板中的"矩形工具"■绘制蒙版，如图5-56所示，并在第3秒8帧处设置"蒙版路径"属性的动画关键帧。接着在第0帧处设置蒙版的位置，如图5-57所示。最后框选所有关键帧，按F9键把它们变为缓动关键帧，如图5-58所示。

图5-56   图5-57

图5-58

> ⓘ 技巧与提示
>
> 调节蒙版的形状和大小等属性可以在"合成"面板中进行操作。双击蒙版的任意一个顶点，即可进入蒙版的编辑状态；编辑完成后，再次双击即可确认操作。蒙版的编辑状态如图5-59所示。
>
>
>
> 图5-59

03 在"项目"面板中，将"时光静好.jpg"拖曳到"时间轴"面板中，并让它位于最上方，然后在第4秒3帧处绘制蒙版，如图5-60所示，并设置"蒙版路径"属性的动画关键帧。接着在第0帧处设置蒙版，如图5-61所示。最后框选这些关键帧，按F9键把它们变为缓动关键帧。

图5-60   图5-61

04 选择步骤03中的图层,将其"缩放"设置为(110,110)%,
然后执行"效果>颜色校正>色调"命令添加效果,并把"着色
数量"设置为50%,如图5-62所示。

图5-62

05 选择步骤04中的图层,按快捷键Ctrl+D将其复制一份,删去其中的所有
效果和蒙版并将其置于顶层。然后在第6秒处绘制两个蒙版,如图5-63所示,
并设置"蒙版路径"属性的动画关键帧。接着在第0秒处设置蒙版的位置,
并按F9键把这些关键帧变为缓动关键帧,如图5-64所示。最后将较小蒙版
的混合模式设置为"相减",并把它的最后一个关键帧移动到第6秒13帧处,
如图5-65所示。

图5-63

图5-64

图5-65

06 按快捷键Ctrl+D复制步骤05中的图层并将其置于顶层,删去第0帧处的关
键帧,并把较大蒙版剩下的关键帧移动到第9秒处,把较小蒙版剩下的关键帧
移动到第9秒24帧处,然后在第3秒处设置遮罩,接着按F9键把这些关键帧变
为缓动关键帧,如图5-66和图5-67所示。

图5-66

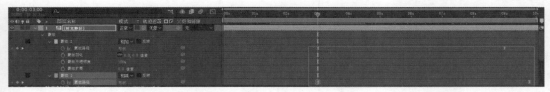
图5-67

07 对最上面的两个图层分别执行"图层>预合成"命令,并在弹出的
对话框中选择"保留'时光静好'中的所有属性"选项。分别双击进
入两个合成内部,然后对里面的"时光静好"图层执行"效果>模糊和
锐化>快速方框模糊"命令,把"模糊半径"设置为15,并勾选"重
复边缘像素"复选框,如图5-68所示。

图5-68

08 回到"遮罩分割演示动画"合成，为任一图层添加"生成>CC Light Sweep(扫光)"效果，然后将Center(中心)设置为（960,970），Direction（方向）设置为（0x-90°），Width(宽度)设置为300，Sweep Intensity(扫光强度)设置为0，Edge Intensity(边缘强度)设置为30，Light Color（光线颜色）设置为（R:240,G:252,B:255），如图5-69所示。接着将该效果复制一份，将其中的Center（中心）改为（960,105），最后将这两个效果复制到该合成剩下的3个图层上。

图5-69

09 将"项目"面板中的"斑驳光效"素材拖曳到"时间轴"面板中，并将其置于倒数第2层，然后将其混合模式设置为"相加"，如图5-70所示。渲染效果如图5-71所示。

图5-70

图5-71

5.2.3 蒙版的概念

  After Effects 2023中的蒙版其实就是由封闭的贝塞尔曲线构成的路径轮廓，轮廓之内或之外的区域可以作为控制图层透明区域和不透明区域的依据，如图5-72所示。如果贝塞尔曲线不是封闭的，那它就只能作为路径来使用，如图5-73所示。

图5-72

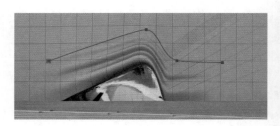

图5-73

5.2.4 蒙版的创建

  创建蒙版的方法比较多，但在实际工作中主要使用以下几种方法。

1.使用形状工具创建

  使用形状工具创建蒙版的方法很简单，但软件提供的可选择的形状工具有限。使用形状工具创建蒙版的步骤如下。

  第1步：在"时间轴"面板中选择需要创建蒙版的图层。

  第2步：在"工具"面板中选择合适的形状工具，如图5-74所示。

图5-74

  第3步：在"合成"面板或"图层"面板中按住鼠标左键进行拖曳，就可以创建出蒙版，如图5-75所示。

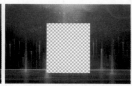

图5-75

> ⓘ **技巧与提示**
>
>   在选择好的形状工具上双击，可以在当前图层中自动创建一个最大的蒙版。
>
>   在"合成"面板中，按住Shift键的同时使用形状工具可以创建出形状等比例的蒙版。例如，使用"矩形工具"■可以创建出正方形的蒙版，使用"椭圆工具"●可以创建出圆形的蒙版。
>
>   如果在创建蒙版时按住Ctrl键，可以创建一个以单击点为中心的蒙版。

2.使用"钢笔工具"创建

在"工具"面板中按住"钢笔工具" ✐数秒,可以在打开的工具组中切换工具,如图5-76所示。借助这些工具可以创建出任意形状的蒙版。在使用"钢笔工具" ✐创建蒙版时,必须使贝塞尔曲线处于闭合的状态。

图5-76

使用"钢笔工具" ✐创建蒙版的步骤如下。

第1步: 在"时间轴"面板中选择需要创建蒙版的图层。

第2步: 在"工具"面板中选择"钢笔工具" ✐。

第3步: 在"合成"面板或"图层"面板中单击确定第1个点,然后继续单击绘制出一个闭合的贝塞尔曲线,如图5-77所示。

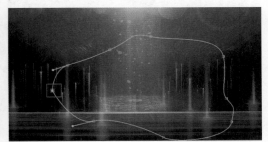

图5-77

> (!) **技巧与提示**
>
> 在使用"钢笔工具" ✐绘制曲线的过程中,如果需要在闭合的曲线上添加点,可以使用"添加'顶点'工具" ✐;如果需要在闭合的曲线上减少点,可以使用"删除'顶点'工具" ✐;如果需要对曲线的点进行控制调节,可以使用"转换'顶点'工具" ▶;如果需要对创建的曲线进行羽化,可以使用"蒙版羽化工具" ✐。

3.使用"新建蒙版"命令创建

使用"新建蒙版"命令创建的蒙版与使用形状工具创建的蒙版差不多,蒙版形状都比较单一。使用"新建蒙版"命令创建蒙版的步骤如下。

第1步: 在"时间轴"面板中选择需要创建蒙版的图层。

第2步: 执行"图层>蒙版>新建蒙版"命令,这时可以创建一个与图层大小一致的矩形蒙版,如图5-78所示。

图5-78

第3步: 如果需要对蒙版进行调节,可以使用"选取工具" ▶选择蒙版,然后执行"图层>蒙版>蒙版形状"命令,打开"蒙版形状"对话框,在该对话框中对蒙版的位置、单位和形状进行调节,如图5-79所示。

图5-79

> (!) **技巧与提示**
>
> 可以在"重置为"右侧的下拉列表中选择"矩形"或"椭圆"形状。

4.使用"自动追踪"命令创建

执行"图层>自动追踪"命令,可以根据图层的Alpha通道、红色通道、绿色通道、蓝色通道和亮度信息来自动生成路径蒙版,如图5-80所示。

图5-80

执行"图层>自动追踪"命令将会打开"自动追踪"对话框，如图5-81所示。

图5-81

参数详解

- **时间跨度**：设置自动追踪的时间区域。
- **当前帧**：只对当前帧进行自动追踪。
- **工作区**：对整个工作区进行自动追踪。选择这个单选项可能需要花费一定的时间来生成蒙版。
- **选项**：设置自动追踪蒙版的相关参数。
- **通道**：选择作为自动追踪蒙版的通道，共有Alpha、"红色""绿色""蓝色""明亮度"5个选项。
- **反转**：勾选该复选框后，可以反转蒙版的方向。
- **模糊**：在自动追踪蒙版之前，对原始画面进行虚化处理，这样可以使追踪蒙版的结果更加平滑。
- **容差**：设置容差范围，可以判断误差和界限的范围。
- **最小区域**：设置蒙版的最小区域值。
- **阈值**：设置蒙版的阈值范围。大于该阈值的区域为不透明区域，小于该阈值的区域为透明区域。
- **圆角值**：设置追踪蒙版的拐点处的圆滑程度。
- **应用到新图层**：勾选此复选框时，最终创建的追踪蒙版路径将保存在一个新建的纯色图层中。
- **预览**：勾选该复选框，可以预览设置的效果。

5.其他创建蒙版的方法

在After Effects 2023中，还可以通过复制Illustrator和Photoshop的路径来创建蒙版，这对于创建一些规则的蒙版或有特殊结构的蒙版非常有用。

5.2.5 蒙版的属性

在"时间轴"面板中选择蒙版后，连续按两次M键可以展开蒙版的所有属性，如图5-82所示。

图5-82

参数详解

- **蒙版路径**：设置蒙版的路径范围和形状，也可以为蒙版节点制作关键帧动画。
- **反转**：反转蒙版的路径范围和形状，如图5-83所示。

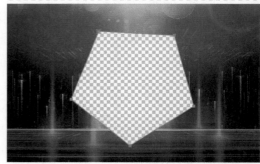

图5-83

- **蒙版羽化**：设置蒙版边缘的羽化效果，这样可以使蒙版边缘与下层图像完美地融合在一起，如图5-84所示。单击"约束比例"图标，将其解锁，可以分别对蒙版x轴和y轴方向上的像素进行羽化。

图5-84

- **蒙版不透明度**：设置蒙版的不透明度，如图5-85所示。

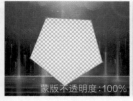

图5-85

- **蒙版扩展**：调整蒙版的扩展程度。若为正值，则扩展蒙版区域；若为负值，则收缩蒙版区域，如图5-86所示。

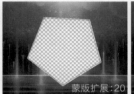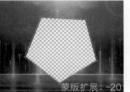

图5-86

5.2.6 蒙版的混合模式

当一个图层具有多个蒙版时，可以通过选择各种混合模式来使蒙版之间产生叠加效果，如图5-87所示。另外，蒙版的排列顺序对最终的叠加效果有很大影响。After Effects 2023是按照从上往下的顺序依次处理蒙版的，也就是说，先处理最上面的蒙版及其叠加效果，再将效果与下面的蒙版进行叠加。另外，"蒙版不透明度"也是必须考虑的因素之一。

图5-87

蒙版混合模式详解

- **无**：选择"无"模式时，路径将不作为蒙版使用，而是作为路径存在，如图5-88所示。

图5-88

- **相加**：将当前蒙版区域与其上层的蒙版区域相加，如图5-89所示。

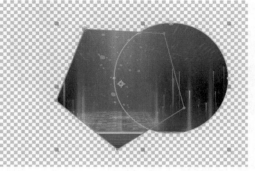

图5-89

- **相减**：对当前蒙版与其上层的所有蒙版的组合结果进行相减处理，如图5-90所示。

图5-90

- **交集**：只显示当前蒙版与其上层所有蒙版的组合结果的相交部分，如图5-91所示。

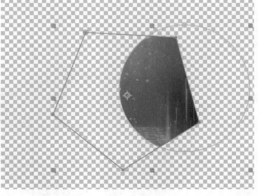

图5-91

- **变亮**："变亮"模式与"相加"模式相似，叠加时蒙版重叠处采用较大的不透明度值，效果如图5-92所示。

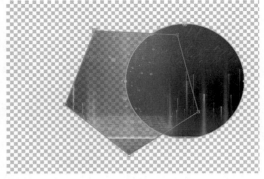

图5-92

- **变暗**："变暗"模式与"相减"模式相同，叠加时蒙版重叠处采用较小的不透明度值，效果如图5-93所示。

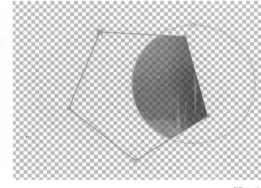

图5-93

- **差值**：采取并集减去交集的方式，换言之，先对所有蒙版的组合进行并集运算，然后对所有蒙版组合相交的部分进行相减运算，效果如图5-94所示。

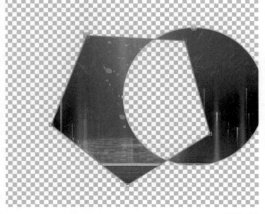

图5-94

5.2.7 蒙版动画

在实际工作中，为了满足画面需要，会用到蒙版动画，实际上就是设置"蒙版路径"属性的动画关键帧。

5.3 | 轨道遮罩

轨道遮罩是一种特殊的蒙版类型，它可以将一个图层的Alpha信息或亮度信息作为另一个图层的透明度信息，可以完成建立图像透明区域或限制图像局部显示的工作。当有特殊要求的时候，如在运动的文字轮廓内显示图像，可以通过轨道遮罩来完成镜头的制作，如图5-95所示。

图5-95

5.3.1 课堂训练：水墨显现动画

素材位置	素材文件 >CH05>03
实例位置	实例文件 >CH05> 课堂训练：水墨显现动画
教学视频	课堂训练：水墨显现动画 .mp4
学习目标	掌握轨道遮罩的操作方法

本例的动画静帧图如图5-96所示。

图5-96

01 创建一个合成，并将其命名为"水墨图案"。导入"素材文件>CH05>03>景观.jpg、水墨.mov"文件，将其拖曳到"时间轴"面板中作为图片图层和视频图层，如图5-97所示。

图5-97

02 将"景观.jpg"图层移动到"水墨.mov"图层的下方,然后单击鼠标右键并选择"变换>适合复合高度"选项,如图5-98所示。将图层的高度调整到与图像的高度和合成的高度相同,如图5-99所示。

图5-98

图5-99

03 设置"景观.jpg"图层的轨道遮罩为Alpha,如图5-100所示(图示为时间指示器在第1秒处的画面)。

图5-100

04 按快捷键Ctrl + Y创建一个纯色图层,并设置"颜色"为白色,将新建的纯色图层放置在底层,使其作为背景,如图5-101所示。

图5-101

05 单击"播放"按钮▶,观看制作好的水墨显现动画,该动画的静帧图如图5-102所示。

图5-102

5.3.2 显示轨道遮罩列

在After Effects 2023中单击"切换开关/模式"按钮 切换开关/模式 可以打开"模式"模块，其中有TrkMat列（轨道遮罩列），如图5-103所示。

图5-103

5.3.3 遮罩类型

选择某个图层后，在"图层>跟踪遮罩"子菜单中可以选择所需要的遮罩类型，如图5-104所示。

图5-104

> **① 技巧与提示**
>
> 使用轨道遮罩时，蒙版图层必须位于最终显示图层的上一层，并且在应用了轨道遮罩后，将不显示蒙版层，如图5-105所示。另外，在移动图层时一定要将蒙版层和最终显示图层一起移动。
>
>
>
> 图5-105

参数详解

- **没有轨道遮罩**：不创建透明区域，上方的图层充当普通图层。
- **Alpha遮罩**：将蒙版层的Alpha通道信息作为最终显示图层的蒙版参考。
- **Alpha反转遮罩**：与"Alpha遮罩"结果相反。
- **亮度遮罩**：将蒙版图层的亮度信息作为最终显示图层的蒙版参考。
- **亮度反转遮罩**：与"亮度遮罩"结果相反。

5.4 课后习题

通过前面的学习，读者应该掌握了图层混合模式和蒙版的操作方法，这里安排了两个课后习题供读者练习。

5.4.1 课后习题：制作科技感旋转球体

素材位置	素材文件>CH05>04
实例位置	实例文件>CH05>课后习题：制作科技感旋转球体
教学视频	课后习题：制作科技感旋转球体.mp4
学习目标	掌握图层混合模式的用法

本习题的效果如图5-106所示。

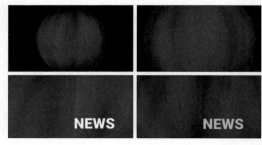

图5-106

5.4.2 课后习题：平板滑动动画

素材位置	素材文件>CH05>05
实例位置	实例文件>CH05>课后习题：平板滑动动画
教学视频	课后习题：平板滑动动画.mp4
学习目标	掌握"自动追踪"命令的应用

本习题制作的平板滑动动画效果如图5-107所示。

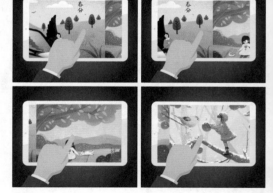

图5-107

操作提示

第1步：打开"素材文件>CH05>05>课后习题：平板滑动动画.aep"文件。

第2步：加载Video合成，然后选择"Video.mov"图层，执行"图层>自动追踪"命令。

第3步：选择自动追踪后生成的图层，然后添加"描边"效果。

第 6 章

绘画工具与形状工具

本章导读

　　本章主要讲解绘画工具和形状工具的相关属性及具体运用方法。使用绘画工具可以对素材进行润色、逐帧加工及创建新的元素。形状工具的升级与优化为我们的动画制作提供了无限的可能，尤其是形状属性中的颜料属性和路径变形属性。

学习目标

◆　了解"绘画"面板与"画笔"面板。
◆　掌握画笔工具的运用方法。
◆　掌握仿制图章工具的运用方法。
◆　掌握橡皮擦工具的运用方法。
◆　掌握形状工具的运用方法。
◆　掌握钢笔工具的运用方法。

6.1 绘画工具的应用

After Effects 2023提供的绘画工具的作用与Photoshop中的绘画工具的作用相似，可以用来对指定的素材进行润色、逐帧加工及创建新的元素。在使用绘画工具进行创作时，每一步的操作都可以被记录成动画，并能实现动画的回放。使用绘画工具还可以制作出一些独特的、多变的图案或花纹，如图6-1和图6-2所示。

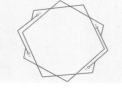

图6-1   图6-2

在After Effects 2023中，绘画工具由"画笔工具"、"仿制图章工具"和"橡皮擦工具"组成，如图6-3所示。

图6-3

---

① 技巧与提示

使用这些工具可以在图层中添加或擦除像素，这些操作只影响最终结果，不会对图层的源素材造成破坏。

6.1.1 课堂训练：书法文字

素材位置	素材文件 >CH06>01
实例位置	实例文件 >CH06> 课堂训练：书法文字
教学视频	课堂训练：书法文字 .mp4
学习目标	掌握绘画工具的使用方法

本例制作的书法文字效果如图6-4所示。

图6-4

---

① 导入学习资源中的"素材文件>CH06>01>课堂训练：书法文字.aep"文件，然后在"项目"面板中双击"书法文字"合成，如图6-5所示，加载该合成。

图6-5

② 将"项目"面板中的"书法文字.jpg"素材拖曳到"时间轴"面板中，然后在"工具"面板中选择"画笔工具"，并在"画笔"面板中设置"直径"为92像素，"硬度"为96%，"间距"为25%，如图6-6所示。接着在"绘画"面板中设置颜色为黑色，如图6-7所示。

图6-6 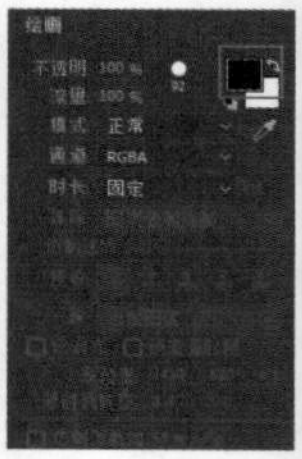   图6-7

③ 双击"书法文字.jpg"图层进入"图层"面板，并在其中使用"画笔工具"按照笔顺描绘文字（不要求精准，绘制的图形能大概盖住原来的文字即可）。本例中，描绘文字分为4笔，分别是"禾"的撇（第1笔）、"禾"的横竖撇捺（第2笔）、"口"的竖（第3笔）和"口"的横折与横（第4笔），描绘完的效果如图6-8所示。在"效果控件"面板中勾选"在透明背景上绘画"复选框。

图6-8

---

① 技巧与提示

如果要改变笔刷的直径，可以在"图层"面板中按住Ctrl键的同时拖曳鼠标。使用"画笔工具"时，按住Shift键可以在之前绘制的笔触上继续绘制。注意，如果不需要在之前的笔触上继续绘制，那么按住Shift键可以绘制出直线笔触。连续按两次P键可以在"时间轴"面板中展开已经绘制好的各种笔触的属性。

---

04 为步骤03的图层设置动画关键帧。在第0帧处，将画笔1"描边选项"下的"结束"设置为0%并激活关键帧，在第9帧处设置"结束"为100%；在第9帧处，设置画笔2"描边选项"下的"结束"为0%并激活关键帧，在第1秒6帧处将"结束"设置为100%；在第1秒6帧处，将画笔3"描边选项"下的"结束"设置为0%并激活关键帧，在第1秒14帧处将"结束"设置为100%；在第1秒14帧处，将画笔4"描边选项"下的"结束"设置为0%并激活关键帧，在第1秒24帧处将"结束"设置为100%。框选这些关键帧，按F9键将它们变为缓动关键帧，如图6-9所示。

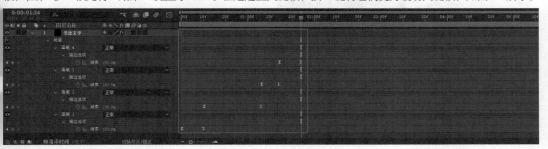

图6-9

05 从"项目"面板中再次拖曳"书法文字.jpg"素材到"时间轴"面板，并将其置于之前的"书法文字.jpg"图层的上方，然后将下方的"书法文字.jpg"图层的轨道遮罩设置为"亮度反转"，如图6-10所示。

图6-10

06 为下方的"书法文字.jpg"图层添加"效果>通道>设置遮罩"效果，并将"从图层获取遮罩"设置为"5.笔刷.png"，然后取消勾选"伸缩遮罩以适合"复选框，将"项目"面板中的"水墨.mp4"放入"时间轴"面板，置于"背景"之上，并将它的混合模式设置为"相乘"，如图6-11所示。渲染效果如图6-12所示。

图6-11

图6-12

6.1.2 "绘画"面板与"画笔"面板

本小节主要介绍"绘画"画板和"画笔"面板的设置方法，这部分涉及很多参数，请读者注意理解。

1. "绘画"面板

"绘画"面板主要用来设置绘画工具的笔刷不透明度、流量、混合模式、通道及持续时间等。每个绘画工具的"绘画"面板都具有一些相同的参数，如图6-13所示。

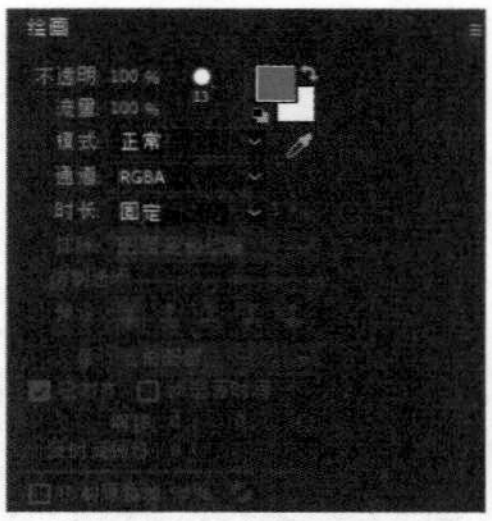

图6-13

参数详解

· **不透明**：对于"画笔工具" ▰ 和"仿制图章工具" ▰，该参数主要用来设置画笔笔刷和仿制笔刷的最大不透明度；对于"橡皮擦工具" ▰，该参数主要用来设置擦除图层像素的最大量。

· **流量**：对于"画笔工具" ▰ 和"仿制图章工具" ▰，该参数主要用来设置笔刷的流量；对于"橡皮擦工具" ▰，该参数主要用来设置擦除像素的速度。

> ⓘ **技巧与提示**
>
> "不透明"和"流量"这两个参数很容易混淆，这里简单讲解一下它们的区别。
>
> "不透明"参数主要用来设置绘制区域所能达到的最大不透明度，如果设置其值为50%，那么不管以后经过多少次绘画操作，笔刷的最大不透明度都只能达到50%。
>
> "流量"参数主要用来设置涂抹时的流量，如果在同一个区域不断地使用绘画工具进行涂抹，该区域的不透明度值会不断增加，理论上最终不透明度值可以接近100%。

· **模式**：设置画笔笔刷或仿制笔刷的混合模式，这与图层中的混合模式是相同的。

· **通道**：设置绘画工具影响的图层通道。如果选择Alpha通道，那么绘画工具只影响图层的透明区域。

> ⓘ **技巧与提示**
>
> 使用纯黑色的"画笔工具" ▰ 在Alpha通道中绘制，相当于使用"橡皮擦工具" ▰ 擦除图像。

· **时长**：设置笔刷的持续时间，共有以下4个选项。

» **固定**：使笔刷在整个绘制过程中都能显示出来。

» **写入**：根据手写时的速度再现手写动画的过程。其原理是自动产生开始关键帧和结束关键帧，可以在"时间轴"面板中对图层绘画属性的开始关键帧和结束关键帧进行设置。

» **单帧**：仅显示当前帧的笔刷。

» **自定义**：自定义笔刷的持续时间。

> ⓘ **技巧与提示**
>
> 其他参数在具体应用的时候再进行详细说明。

2."画笔"面板

对于绘画工作而言，选择和使用笔刷是非常重要的。在"画笔"面板中可以选择预设的一些笔刷，也可以通过修改笔刷的参数值来快捷地设置笔刷的尺寸、角度和圆度等属性，如图6-14所示。

图6-14

参数详解

· **直径**：设置笔刷的直径，单位为像素。图6-15所示是使用不同直径的笔刷的绘画效果。

直径：5像素 　　直径：35像素

图6-15

· **角度**：设置椭圆形笔刷的旋转角度，单位为°（度）。图6-16所示是笔刷旋转角度为45°和−45°时的绘画效果。

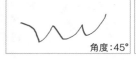
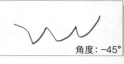

角度：45° 　　角度：−45°

图6-16

· **圆度**：设置笔刷形状的长轴和短轴的比例。其中圆形笔刷的圆度为100%，线形笔刷的圆度为0%，如图6-17所示。圆度在0%与100%之间的笔刷为椭圆形笔刷。

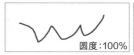

圆度：100% 　　圆度：0%

图6-17

- **硬度**：设置笔刷中心硬度的大小。该值越小，笔刷的边缘越柔和，如图6-18所示。

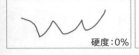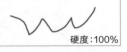

图6-18

- **间距**：设置笔刷的间隔距离（绘图速度也会影响笔刷的间距大小），如图6-19所示。

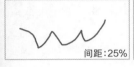

图6-19

- **画笔动态**：当使用手绘板进行绘画时，该参数可以用来设置对手绘板的压笔感应。

6.1.3 画笔工具

使用"画笔工具" 可以在当前图层的"图层"面板中进行绘制，如图6-20所示。

图6-20

使用"画笔工具" 进行绘制的步骤如下。

第1步：在"时间轴"面板中双击要进行绘制的图层，打开"图层"面板。

第2步：在"工具"面板中选择"画笔工具" ，然后单击"工具"面板中间的"切换'绘画'面板"按钮 ，打开"绘画"面板和"画笔"面板。

> **(!) 技巧与提示**
>
> 如果在"工具"面板中勾选了"自动打开面板"复选框，那么在"工具"面板中选择"画笔工具" 时，After Effects 2023会自动打开"绘画"面板和"画笔"面板。

第3步：在"画笔"面板中选择预设的笔刷或自定义笔刷的形状。

第4步：在"绘画"面板中设置好笔刷的颜色、不透明度、流量及混合模式等参数。

第5步：使用"画笔工具" 在图层预览窗口中进行绘制，松开鼠标左键即可完成一个笔触效果，并且每次绘制的笔触效果都会在图层的"绘画"属性栏下以列表的形式显示出来，如图6-21所示。

图6-21

6.1.4 仿制图章工具

使用"仿制图章工具" 可以对源图层中的像素进行取样，然后将取样的像素直接应用到目标图层中；也可以将某一时间某一位置的像素复制并应用到另一时间的另一位置。在这里，目标图层可以是同一个合成中的其他图层，也可以是源图层自身。在使用"仿制图章工具" 前需要设置绘画参数和笔刷参数，在操作完成后可以在"时间轴"面板中的"仿制"属性栏中制作动画。图6-22红框中的参数是"仿制图章工具"的特有参数。

图6-22

参数详解

- **预设**：仿制图像的预设选项，共有5个。
- **源**：选择仿制的源图层。
- **已对齐**：设置不同采样点的仿制位置的对齐方式。勾选该复选框与未勾选该复选框时的对比效果如图6-23和图6-24所示。

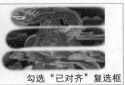

勾选"已对齐"复选框

图6-23

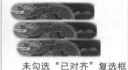

未勾选"已对齐"复选框

图6-24

- **锁定源时间**：控制是否只复制单帧画面。
- **偏移**：设置采样点的位置。
- **源时间转移**：设置源图层的时间偏移量。
- **仿制源叠加**：设置源画面与目标画面的叠加混合程度。

> ⊙ **技巧与提示**
>
> 选择"仿制图章工具" 🔳，然后在图层预览窗口中按住Alt键对采样点进行取样，设置好的采样点位置会自动显示在"偏移"参数中。

6.1.5 橡皮擦工具

使用"橡皮擦工具" 🔳可以擦除图层上的图像或笔刷效果，还可以选择仅擦除当前的笔刷。选择该工具后，在"绘画"面板中可以设置擦除图像的模式，如图6-25所示。

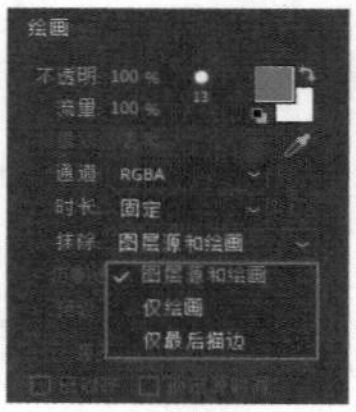

图6-25

选项详解

- **图层源和绘画**：擦除源图层中的像素和绘画笔刷效果。
- **仅绘画**：仅擦除绘画笔刷效果。
- **仅最后描边**：仅擦除之前的绘画笔刷效果。

如果设置为擦除源图层像素或笔刷效果，那么每个擦除操作都会在"时间轴"面板的"绘画"属性栏中留下擦除记录，这些擦除记录对素材没有任何破坏性，可以对其进行删除、修改或改变擦除顺序等操作。

> ⊙ **技巧与提示**
>
> 如果当前正在使用"画笔工具" 🔳绘画，要想将当前的"画笔工具" 🔳切换为"橡皮擦工具" 🔳的"仅最后描边"擦除模式，可以同时按Ctrl键和Shift键。

6.2 形状工具的应用

使用After Effects 2023中的形状工具可以很容易地绘制出矢量图形，并且可以为这些图形制作动画效果。形状工具的升级与优化为动画制作提供了无限的可能，尤其是形状属性中的颜料属性和路径变形属性。

6.2.1 课堂训练：光圈扩散动画

素材位置	素材文件 >CH06>02
实例位置	实例文件 >CH06> 课堂训练：光圈扩散动画
教学视频	课堂训练：光圈扩散动画 .mp4
学习目标	掌握形状工具的使用方法

光圈扩散动画的静帧图如图6-26所示。

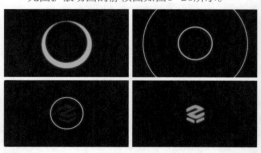

图6-26

01 创建一个合成，并将其命名为"光圈Logo"。导入本书学习资源中的"素材文件>CH06>02>Logo.png、光圈背景.png"文件，并将"光圈背景.png"素材拖到合成中，如图6-27所示。

图6-27

02 使用"椭圆工具"并按住Shift键绘制一个圆形，不使用填充，设置"描边颜色"为青色（R:146，G:213,B:255），"描边宽度"为12像素，效果如图6-28所示。

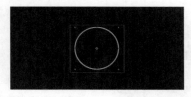

图6-28

03 执行"效果>扭曲>CC Lens"命令为形状图层添加CC Lens效果，使该动画产生类似镜头的效果，然后设置Size（大小）为20，单击左侧的秒表按钮激活其关键帧，如图6-29所示；将时间指示器移动到第2秒处，并设置Size（大小）为113。按U键调出激活了关键帧的属性，按F9键将关键帧转换为缓动关键帧，如图6-30所示。

图6-29

图6-30

04 进入"图表编辑器"，调整左侧的手柄，使Size属性的值曲线先快速上升，然后缓慢上升至平稳，如图6-31所示。

05 退出"图表编辑器"，然后执行"效果>风格化>发光"命令为形状图层添加发光效果，并设置"发光阈值"为66.7%，"发光半径"为50，"发光强度"为2，如图6-32所示。

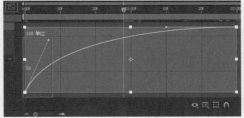

图6-31

图6-32

06 选择"形状图层1"，按T键调出"不透明度"属性。将时间指示器移动到第1秒20帧处，单击左侧的秒表按钮激活其关键帧；然后将时间指示器移动到第2秒10帧处，并设置"不透明度"为0%。选中两个关键帧，按F9键将其转换为缓动关键帧，如图6-33所示。

图6-33

07 将"Logo.png"素材拖入合成中，按S键调出"缩放"属性，设置该属性值为（20,20）%，并将Logo移动到圆形的正中间，如图6-34所示。

图6-34

08 执行"效果>生成>填充"命令为"Logo.png"图层填充颜色，并设置"颜色"为青色（R:0，G:240,B:255），如图6-35所示。

图6-35

09 执行"效果>风格化>发光"命令为"Logo.png"图层添加发光效果，并设置"发光阈值"为75%，"发光半径"为200，"发光强度"为1，如图6-36所示。

图6-36

10 制作Logo的闪烁效果，使其看起来就像在"呼吸"一样。选择"Logo.png"图层，按T键调出"不透明度"属性。将时间指示器移动到第1秒20帧处，并设置该属性值为0%，然后单击左侧的秒表按钮激活其关键帧；将时间指示器移动到第2秒处，并设置该属性值为100%；选中两个关键帧，按F9键将其转换为缓动关键帧，如图6-37所示。

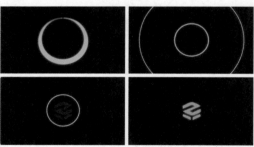

图6-37

11 单击"播放"按钮，观看制作好的光圈扩散动画，该动画的静帧图如图6-38所示。

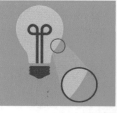

图6-38

6.2.2 形状概述

本小节主要介绍形状的相关概念，包括矢量图形、位图图像和路径。

1.矢量图形

构成矢量图形的直线或曲线都是由计算机中的数学算法定义的，数学算法采用几何学的特征来描述这些形状。将矢量图形放大很多倍，仍然可以清楚地观察到图形的边缘是光滑平整的，如图6-39所示。

图6-39

2.位图图像

位图图像也叫光栅图像，它是由许多带有不同颜色信息的像素构成的，其质量取决于图像的分辨率。图像的分辨率越高，图像看起来越清晰，图像文件需要的存储空间也越大。放大位图图像，图像的边缘会出现锯齿，如图6-40所示。

图6-40

在After Effects 2023中可以导入其他软件（如Illustrator、CorelDRAW等）生成的矢量图形文件，在导入这些文件后，After Effects 2023会自动对这些矢量图形进行位图化处理。

3.路径

蒙版和形状都是基于路径的。一条路径是由点和线构成的，线可以是直线也可以是曲线，由线来连接点，而点则定义了线的起点和终点。

在After Effects 2023中，可以使用形状工具来绘制标准的几何形状路径，也可以使用"钢笔工具" 来绘制复杂的形状路径。调节路径上的点或调节点的控制手柄可以改变路径的形状，如图6-41所示。

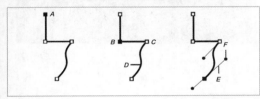

图6-41

> **(!) 技巧与提示**
>
> 在After Effects 2023中，路径具有两种不同的点，即角点和平滑点。平滑点连接的是平滑的曲线，其出点和入点的控制手柄在同一条直线上，如图6-42所示。

图6-42

对角点而言，连接角点的两条线在角点处发生了突变，出点和入点的控制手柄是相互独立的，如图6-43所示。

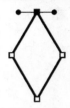

图6-43

用户可以结合使用角点和平滑点来绘制各种形状路径，也可以在绘制完成后对这些点进行调整，如图6-44所示。

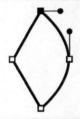

图6-44

当调节平滑点上的一个控制手柄时，另外一个控制手柄会进行相应变化，如图6-45所示。

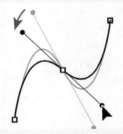

图6-45

当调节角点上的一个控制手柄时，另外一个控制手柄不会发生变化，如图6-46所示。

图6-46

6.2.3 形状工具

在After Effects 2023中，使用形状工具既可以创建形状图层，也可以创建形状路径。形状工具包括"矩形工具"■、"圆角矩形工具"■、"椭圆工具"●、"多边形工具"●和"星形工具"★，如图6-47所示。

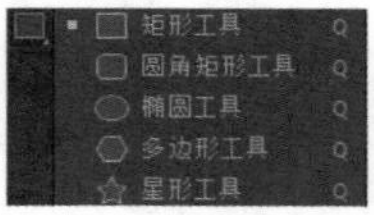

图6-47

> ① 技巧与提示
>
> 因为"矩形工具"■和"圆角矩形工具"■所创建的形状比较类似，都是以"矩形"来命名的，而且它们的参数完全一样，因此可以将这两种工具归纳为一种。
>
> 对于"多边形工具"●和"星形工具"★，它们的参数完全一致，并且都是以"多边星形"来命名的，因此可以将这两种工具归纳为一种。
>
> 归纳后，只剩下"椭圆工具"●，因此形状工具实际上就只有3种。

选择一个形状工具后，"工具"面板中会出现创建形状或蒙版的选择按钮，分别是"工具创建形状"按钮★和"工具创建蒙版"按钮▨，如图6-48所示。

图6-48

在未选择任何图层的情况下，使用形状工具创建出来的是形状图层，而不是蒙版；如果选择的图层是形状图层，那么可以继续使用形状工具创建图形或为当前图层创建蒙版；如果选择的图层是素材图层或纯色图层，那么使用形状工具只能创建蒙版。

> ① 技巧与提示
>
> 形状图层与文字图层在"时间轴"面板中都是以图层的形式显示出来的，但是不能在"图层"面板中预览形状图层，同时它也不会显示在"项目"面板的素材文件夹中，所以不能直接在其上面进行绘制。

当使用形状工具创建形状图层时，还可以在"工具"面板右侧设置图形的"填充""描边""描边宽度"，如图6-49所示。

图6-49

1.矩形工具

使用"矩形工具"■可以绘制出矩形和正方形，如图6-50所示；也可以为图层绘制蒙版，如图6-51所示。

图6-50　　　　　　　　　　图6-51

2.圆角矩形工具

使用"圆角矩形工具"■可以绘制出圆角矩形和圆角正方形，如图6-52所示；也可以为图层绘制蒙版，如图6-53所示。

图6-52　　　　　　　　　　图6-53

> ① 技巧与提示
>
> 如果要设置圆角的半径，可以在形状图层的"矩形路径"属性栏下修改"圆度"属性，如图6-54所示。

图6-54

3.椭圆工具

使用"椭圆工具"●可以绘制出椭圆形和圆形，如图6-55所示；也可以为图层绘制椭圆形和圆形蒙版，如图6-56所示。

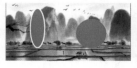

图6-55　　　　　　　　　　图6-56

> ① 技巧与提示
>
> 如果要绘制圆形路径或圆形图形，可以在按住Shift键的同时使用"椭圆工具"●进行绘制。

4.多边形工具

使用"多边形工具"  可以绘制出边数至少为5的多边形路径和图形，如图6-57所示；也可以为图层绘制多边形蒙版，如图6-58所示。

图6-57　　　　　　　　　　图6-58

> ⚠ **技巧与提示**
>
> 如果要设置多边形的边数，可以在形状图层的"多边星形路径"属性栏下修改"点"属性，如图6-59所示。
>
>
>
> 图6-59

5.星形工具

使用"星形工具"  可以绘制星形路径和图形，如图6-60所示；也可以为图层绘制星形蒙版，如图6-61所示。

图6-60　　　　　　　　　　图6-61

6.2.4 钢笔工具

使用"钢笔工具" ✐ 可以在"合成"面板或"图层"面板中绘制出各种路径。它包含4个辅助工具，分别是"添加'顶点'工具" ✐、"删除'顶点'工具" ✐、"转换'顶点'工具" ▶ 和"蒙版羽化工具" ✐。

在"工具"面板中选择"钢笔工具" ✐ 后，面板的右侧会出现一个RotoBezier复选框，如图6-62所示。

图6-62

在默认情况下，RotoBezier复选框处于未勾选状态，这时使用"钢笔工具" ✐ 绘制的贝塞尔曲线的点包含控制手柄，可以通过调整控制手柄的位置来调节贝塞尔曲线的形状。

如果勾选RotoBezier复选框，那么绘制出来的贝塞尔曲线将不包含控制手柄，曲线的曲折形态由After Effects 2023自动计算。

如果要将非平滑的贝塞尔曲线转换成平滑的贝塞尔曲线，可以通过执行"图层>蒙版和形状路径>RotoBezier"命令来完成。

在实际工作中，使用"钢笔工具" ✐ 绘制的贝塞尔曲线主要包含直线、U形曲线和S形曲线3种，下面分别讲解如何绘制这3种曲线。

1.绘制直线

使用"钢笔工具" ✐ 绘制直线的方法很简单。首先使用该工具单击确定第1个点，然后在其他地方单击确定第2个点，即可绘制一条直线。如果要绘制水平直线、垂直直线或45°倍数的直线，可以在按住Shift键的同时进行绘制，如图6-63所示。

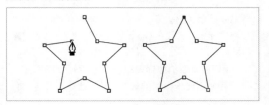

图6-63

2.绘制U形曲线

如果要使用"钢笔工具" ✐ 绘制U形的贝塞尔曲线，可以在确定好第2个点后拖曳第2个点的控制手柄，使其方向与第1个点的控制手柄的方向相对。在图6-64中，A为开始拖曳第2个点的控制手柄时的状态，B是将第2个点的控制手柄调节成与第1个点的控制手柄方向相对时的状态，C为最终结果。

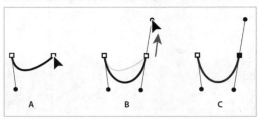

图6-64

3.绘制S形曲线

如果要使用"钢笔工具" 绘制S形的贝塞尔曲线，可以在确定好第2个点后拖曳第2个点的控制手柄，使其方向与第1个点的控制手柄的方向相同。在图6-65中，A为开始拖曳第2个点的控制手柄时的状态，B是将第2个点的控制手柄调节成与第1个点的控制手柄方向相同时的状态，C为最终结果。

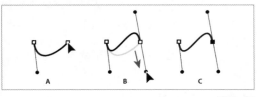

图6-65

> **！ 技巧与提示**
>
> 在使用"钢笔工具" 时，需要注意以下情况。
>
> **第1种**：改变点位置。在创建点时，如果想在松开鼠标左键之前改变点的位置，可按住Space键，然后拖曳鼠标。
>
> **第2种**：封闭开放的曲线。在绘制好曲线后，如果想要将开放的曲线设置为封闭曲线，可以通过执行"图层>蒙版和形状路径>已关闭"命令来完成；也可以将鼠标指针放置在第1个点处，当鼠标指针变成 形状时单击。
>
> **第3种**：取消选择曲线。在绘制好曲线后，如果想要取消对该曲线的选择，可以选择"工具"面板中的其他工具或按F2键。

6.2.5 创建文字轮廓形状图层

在After Effects 2023中，将文字的外形轮廓提取出来，它将作为一个新图层出现在"时间轴"面板中。新生成的文字轮廓形状图层会继承源文字图层的变换属性、图层样式、滤镜和表达式等。

如果要将一个文字图层中的文字轮廓提取出来，可以先选择该文字图层，然后执行"图层>从文本创建形状"命令，效果如图6-66所示。

图6-66

> **！ 技巧与提示**
>
> 如果要将文字图层中所有文字的轮廓提取出来，可以选择该文字图层，然后执行"图层>从文本创建形状"命令。如果要将某个文字的轮廓单独提取出来，可以先在"合成"面板中选择该文字，然后执行"图层>从文本创建形状"命令。

6.2.6 形状组

在After Effects 2023中，每条路径都是一个形状，每个形状都包含一个"填充"属性和一个"描边"属性，这些属性都在形状图层的"内容"属性栏下，如图6-67所示。

图6-67

在实际工作中，有时需要绘制比较复杂的路径，如在绘制字母i时，至少需要绘制两条路径才能完成操作。一般形状动画都是针对整个形状来进行制作的，因此，为单独的路径制作动画会相当困难，这时就需要使用"组"功能。

如果要为路径创建组，可以先选择相应的路径，然后按快捷键Ctrl+G对其进行群组操作（解散组的快捷键为Ctrl+Shift+G）；当然也可以通过执行"图层>组合形状"命令来完成。

完成群组操作后，被群组的路径就会被归入相应的组中，还会增加一个"变换：组"属性栏，如图6-68所示。

图6-68

从图6-68中的"变换：组"属性栏中可以观察到，组里面的所有形状路径都拥有一些相同的变换属性，如果为这些属性制作动画，那么该组中的所有形状路径都将拥有动画属性，这样就大大减少了制作形状路径动画的工作量。

> ⚠ **技巧与提示**
>
> 群组形状路径还有另外一种方法。先单击"添加"按钮 ⬤，然后在打开的下拉菜单中选择"组（空）"命令（这时创建的组是一个空组，里面不包含任何对象），如图6-69所示，接着将需要群组的形状路径拖曳到空组中即可。

图6-69

6.2.7 形状属性

创建好一个形状后，可以在"时间轴"面板或"添加"下拉菜单中为形状或形状组添加属性，如图6-70所示。关于路径属性，前面的内容中已经讲过，这里就不再重复介绍，下面只对颜料属性和路径变形属性进行讲解。

图6-70

1.颜料属性

颜料属性包含"填充""描边""渐变填充""渐变描边"4种属性，下面进行简要介绍。

颜料属性介绍

• **填充**：该属性主要用来设置图形内部的固态填充颜色。

• **描边**：该属性主要用来为路径描边。

• **渐变填充**：该属性主要用来为图形内部填充渐变颜色。

• **渐变描边**：该属性主要用来为路径设置渐变描边。4种属性的效果如图6-71所示。

图6-71

2.路径变形属性

在同一个群组中，路径变形属性可以对其中的所有路径起作用，另外，可以对路径变形属性进行复制、剪切、粘贴等操作。

路径变形属性介绍

• **合并路径**：该属性主要针对群组路径。为一个群组添加该属性后，可以运用特定的运算方法将群组里面的路径合并起来。为群组添加"合并路径"属性后，可以为群组设置5种不同的模式，如图6-72所示。图6-73~图6-77所示分别为设置"合并""相加""相减""相交""排除交集"模式的效果。

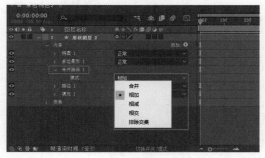

图6-72

合并

图6-73

相加

图6-74

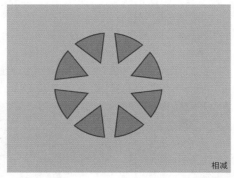

相减

图6-75

相交

图6-76

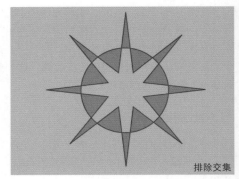

排除交集

图6-77

• **位移路径**：使用该属性可以对原始路径进行缩放，如图6-78所示。

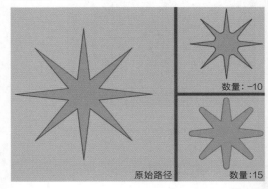

图6-78

• **收缩和膨胀**：使用该属性可以让原始路径中凸出的部分凹陷，凹陷的部分凸出，如图6-79所示。

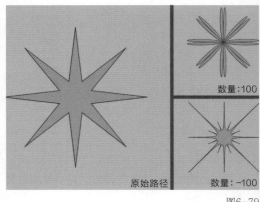

图6-79

• **中继器**：使用该属性可以复制一个形状路径，然后为复制的对象应用指定的变换属性，如图6-80所示。

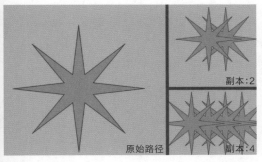

图6-80

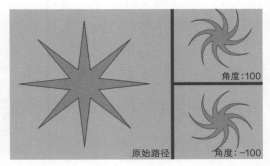

图6-81

● **圆角**：使用该属性可以对形状路径中尖锐的角点进行圆滑处理。

● **修剪路径**：该属性主要用来为路径制作生长动画。

● **扭转**：使用该属性可以以形状路径中心为圆心对其进行扭曲。角度设为正值可以使形状路径按照顺时针方向扭曲，角度设为负值可以使形状路径按照逆时针方向扭曲，如图6-81所示。

● **摆动路径**：使用该属性可以将形状路径变成不同的锯齿形状路径，并且该属性会自动记录动画。

● **摆动变换**：使用该属性可以为形状路径制作摇摆动画。

● **Z字形**：使用该属性可以将形状路径变成具有统一规律的锯齿状路径。

6.3 课后习题

为了帮助读者巩固所学知识，本节安排了两个课后习题，供读者结合前面学习的知识进行练习。

6.3.1 课后习题：几何片头

素材位置	无
实例位置	实例文件 >CH06> 课后习题：几何片头
教学视频	课后习题：几何片头 .mp4
学习目标	掌握几何片头的制作方法

本习题制作的几何片头效果如图6-82所示。

图6-82

操作提示

第1步：打开"素材文件>CH06>03>课后习题：几何片头.aep"文件。

第2步：加载Comp1合成，然后为形状图层添加两个"中继器"属性。

第3步：为"中继器"属性设置关键帧动画，使形状在横向和纵向上产生动画效果。

6.3.2 课后习题：霓虹灯闪烁动画

素材位置	素材文件 >CH06>03
实例位置	实例文件 >CH06> 课后习题：霓虹灯闪烁动画
教学视频	课后习题：霓虹灯闪烁动画 .mp4
学习目标	掌握渐变效果的添加方法、灯效的制作方法

本习题制作的动画的静帧图如图6-83所示。

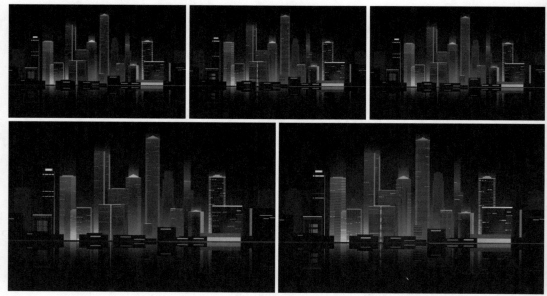

图6-83

第 7 章

文字动画

本章导读

除了图形动画外，文字动画也是常见的动画。文字本身就是一种图形，是辨识度更高的特殊图形。我们在制作动画时使用文字，不仅可以丰富画面的视觉效果，明确版面内容的主次关系，还可以增强动画的表现力，更有效地传播信息。

学习目标

◆ 掌握文字的基本属性。
◆ 掌握基本的文字排版方法。
◆ 掌握文字的基本运动。
◆ 掌握文字的随机运动。
◆ 掌握文字的复杂路径运动。

7.1 添加文本

文本可分为点文本和段落文本两种，每一种文本的排列形式又可以分为横排和直排两种。在After Effects 2023中，我们可以通过"段落"面板和"字符"面板轻易地为文本添加颜色、描边等效果或进行一些简单的排版操作。

7.1.1 课堂训练：文字排版

素材位置	无
实例位置	实例文件 >CH07> 课堂训练：文字排版
教学视频	课堂训练：文字排版 .mp4
学习目标	掌握文本的创建方法、文本的排列方法

本例制作的效果如图7-1所示。

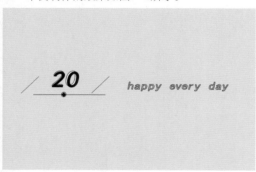

图7-1

01 创建一个合成，并将其命名为"文字排版"。使用"横排文字工具" T 创建点文本，切换至文字编辑模式后输入20。在"字符"面板中设置"填充颜色"为黑色，"描边颜色"为无，"设置字体系列"为"黑体"，"设置字体大小"为100像素，"设置描边宽度"为1像素，然后应用"仿粗体"和"仿斜体"，如图7-2所示。

图7-2

02 使用"横排文字工具" T 创建点文本，切换至文字编辑模式后输入20。在"字符"面板中设置"填充颜色"为白色，"描边颜色"为黑色，然后只应用"仿斜体"，如图7-3所示。

图7-3

03 移动描边文字，将其放置在实心文字的下一层，并在"合成"面板中移动描边文字，使其与实心文字部分重合，如图7-4所示。

图7-4

04 分别用"矩形工具" ■、"椭圆工具" ● 和"钢笔工具" ✎ 在2020文字组合下绘制一个矩形、一个圆形和一条直线，并将其放置在一条水平线上，同时将矩形旋转45°，如图7-5所示。

图7-5

05 选择两个文字图层和3个形状图层，然后单击"对齐"面板中的"水平居中对齐"按钮 ，这时画面中元素的布局发生了变化，如图7-6所示。

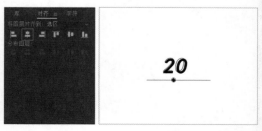

图7-6

06 使用"钢笔工具" ✐并按住Shift键绘制45°斜线，然后使用"横排文字工具" T创建点文本，切换至文字编辑模式后输入happy every day，并设置"设置字体大小"为50像素，此时生成的字形效果仍然沿用上一次设置的参数，最后将画面中的元素按照图7-7所示的布局摆放。

图7-7

07 按快捷键Ctrl＋Y创建一个纯色图层，并设置"颜色"为浅灰色（R:229,G:229,B:229），将其放置在底层作为背景，如图7-8所示。

图7-8

7.1.2 点文本

点文本是少量横排或直排的文本，用于制作少量的文字。在After Effects 2023中，点文本的每一行都是相互独立的，随着文字的增加或减少，After Effects 2023会自动调整行的长度，而不会自动换行。文字工具组中包含"横排文字工具" T和"直排文字工具" T，如图7-9所示，分别用于创建横向和竖向的文字。

图7-9

选择文字工具后，将鼠标指针放在合成预览区域中，它会变为状，此时在目标位置单击（该位置为文本插入点的位置）即可转为文字编辑模式，同时新建一个文字图层，如图7-10所示。

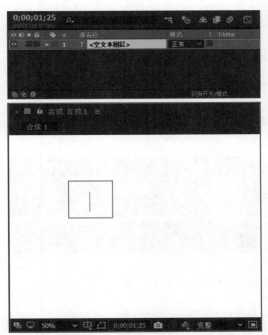

图7-10

输入文本后，可以通过选择其他工具，或单击其他面板退出文字编辑模式，这时文字图层的名称为输入的文本，如图7-11所示。

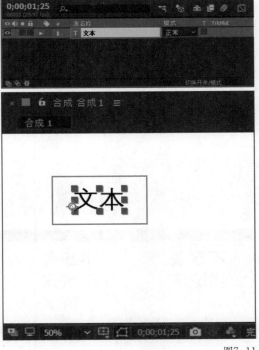

图7-11

7.1.3 段落文本

段落文本是大量横排或直排的文本，用于制作正文类的大段文字。选择文字工具后，将鼠标指针放在合成预览区域中，它会变为█状，此时在目标位置拖曳，即可创建一个定界框，同时转为文字编辑模式，并新建一个文字图层，如图7-12所示。

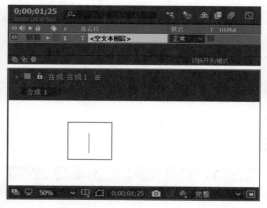

图7-12

> ⚠ **技巧与提示**
>
> 在已有文字图层的情况下创建新文字时，鼠标指针会根据所在位置的不同而具有不同的外形和功能。当鼠标指针不直接放在文本上时，它才会显示为█状，此时在目标位置单击可以创建一个新的文字图层；反之，当鼠标指针直接放在文本上时，它将显示为█状。为了确保能够创建新的文字图层，可以先按住Shift键，再单击目标位置。

段落文本与点文本不同，当文本超出定界框时会自动换行，最后一行文字超出定界框后将不再显示。定界框的大小可以随时更改，此时文本也会随着定界框的改变而重新排列，如图7-13所示。

图7-13

与点文本的创建过程相同，输入文本后，可以通过选择其他工具，或单击其他面板退出文字编辑模式。

在选择文字工具后，用鼠标右键单击"合成"面板中的空白处，并选择"转换为点文本"或"转换为段落文本"选项，如图7-14所示，即可对文本的类型进行转换。

图7-14

7.1.4 "段落"面板和"字符"面板

新建文字图层后，可以选中文字图层或文字图层中的部分文字，通过"段落"面板和"字符"面板来编辑文本段落和字符属性。

1. "段落"面板

"段落"面板主要用于设置文本段落的属性，我们能在"段落"面板中设置对齐方式、缩进、段前间距或段后间距等，如图7-15所示。

图7-15

重要参数介绍

• **对齐方式**：包括"左对齐文本"▤、"居中对齐文本"▤、"右对齐文本"▤、"最后一行左对齐"▤、"最后一行居中对齐"▤、"最后一行右对齐"▤和"两端对齐"▤7种对齐方式。当文本为直排文本时，这些对齐方式也会发生相应的变化。

• **缩进左边距/缩进右边距/首行缩进**：调整段落的缩进方式。

• **段前添加空格/段后添加空格**：调整段前间距或段后间距。

2."字符"面板

"字符"面板主要用于设置字符的格式，如图7-16所示。在编排文本的过程中，经常需要调整字体系列、填充颜色和字体大小。

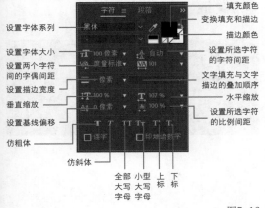

图7-16

重要参数介绍

- **设置字体系列**：在该下拉列表中可以选择文字的字体。
- **设置字体大小**：调整文字的大小。
- **垂直缩放/水平缩放**：垂直或水平缩放文本。
- **设置所选字符的字符间距**：调整文本的字距。
- **设置所选字符的比例间距**：调整字符的比例间距。
- **仿粗体/仿斜体**：为文本应用粗体或斜体样式。
- **全部大写字母/小型大写字母**：将所有字母改为大写字母或改为小型大写字母。
- **上标/下标**：将字符变为上标或下标。另外，选中目标字符后，在"字符"面板菜单中选择"上标"或"下标"命令同样能够达到该目的。

7.2 编辑文本

前面我们学习过如何编辑图层的属性，这些操作对文字图层来说同样适用。下面讲解学习如何编辑文本，包括选中文字、编辑文本内容及文字路径。

7.2.1 课堂训练：文字滑梯动画

素材位置	素材文件 >CH07>01
实例位置	实例文件 >CH07> 课堂训练：文字滑梯动画
教学视频	课堂训练：文字滑梯动画 .mp4
学习目标	掌握文字路径的用法

本例制作的动画的静帧图如图7-17所示。

图7-17

01 创建一个合成，并将其命名为"文字滑梯"。导入本书学习资源中的"素材文件>CH07>01>风扇.png"文件，并将其拖入合成中作为图片素材。使用"横排文字工具" T 创建点文本，切换至文字编辑模式后输入"春季到来，小心着凉"，然后在"字符"面板中设置"填充颜色"为红色（R:170,G:57,B:34），"设置字体大小"为76像素，效果如图7-18所示。

图7-18

02 使用"钢笔工具" 绘制一个类似滑梯形状的路径，并调整控制手柄使路径平滑，如图7-19所示。

图7-19

03 选择"春季到来，小心着凉"图层，展开"文本"属性下的"路径选项"，设置"路径选项"中的"路径"为"蒙版1"，"强制对齐"为"开"，如图7-20所示。

图7-20

04 选择"春季到来，小心着凉"图层，激活"首字边距"和"末字边距"属性的关键帧，并调整"末字边距"属性值，使文字紧靠路径起点，如图7-21所示。将时间指示器移动到第1秒15帧处，设置"末字边距"为0，调整"首字边距"属性值，使文字紧靠路径终点，如图7-22所示。

图7-21

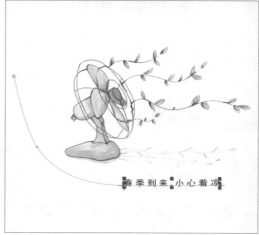

图7-22

ⓘ **技巧与提示**

"首字边距"和"末字边距"属性值不需要与参考数据一致，合适即可。

05 将"首字边距"属性的前一个关键帧向后移动几帧，将"末字边距"属性的后一个关键帧向前移动几帧，最后选中所有关键帧，按F9键将其转换为缓动关键帧，如图7-23所示。

图7-23

06 单击"播放"按钮▶️，观看制作好的文字滑梯动画，可以看到文字零散地沿滑梯路径下滑，在到达滑梯的终点时再换到一起，该动画的静帧图如图7-24所示。

图7-24

7.2.2 选中文字

当鼠标指针放在合成预览区域中的文本上时，它将会显示为Ⅰ状，此时拖曳鼠标即可选中特定的文字，如图7-25所示。

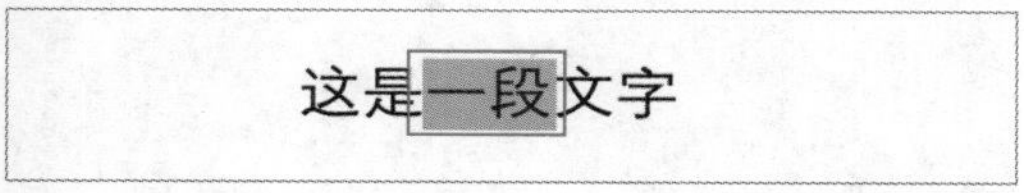

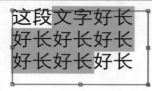

图7-25

如果想快速选择大段文字，那么可以先在起点（终点）处单击，然后按住Shift键并在终点（起点）处单击，如图7-26所示。

图7-26

7.2.3 动态文本

文本的内容实际上是由文字图层中的"源文本"属性决定的，除了可以直接在合成预览区域中编辑文字外，还可以通过修改"源文本"属性的值来修改文本内容，这样就不用多次创建文字图层了。通过为"源文本"属性添加关键帧或表达式，如图7-27所示，可以制作动态文本。

图7-27

动态文本可以在同一个文字图层中实现内容的变化，如1变成2，但是"源文本"属性无法像其他属性一样实现平滑过渡。例如，在第0帧处输入1℃，在第5帧处输入2℃，在第10帧处输入5℃，如图7-28所示，并不会产生由1℃变2℃，再变成5℃的过程，而是从1℃直接跳到5℃。

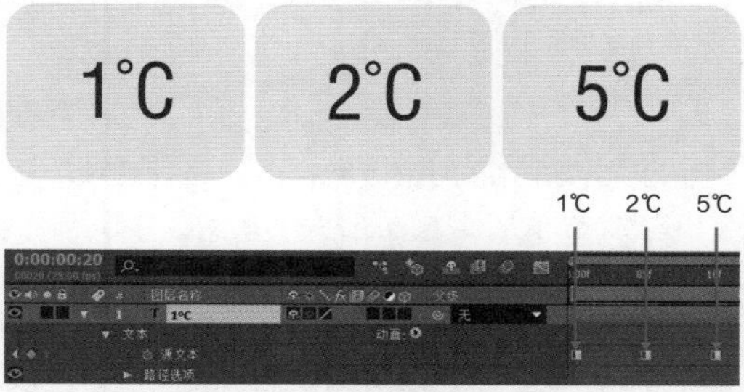

图7-28

> ⓘ **技巧与提示**
>
> "源文本"属性的关键帧均为方形的定格关键帧。

要想实现上面未实现的效果，需要为"源文本"属性设置关键帧，保持每隔一段时间添加一个关键帧。由于不能形成补间动画，因此在添加关键帧的同时还需要在"合成"面板中修改数字，这时动画中的数字就会根据设置的关键帧实现跳转。

7.2.4 文字路径

文字图层中的"路径选项"中的属性可以让文字沿某一路径排列。选择文字图层后，使用"钢笔工具"✍️绘制一条简单的曲线路径，如图7-29所示。然后设置"路径"为"蒙版1"，这时文字将按"蒙版1"路径排列，如图7-30所示。

图7-29

图7-30

为文字图层添加蒙版路径后，"路径选项"下将出现5个新的属性，如图7-31所示。

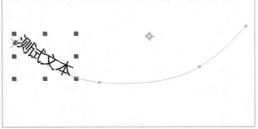

图7-31

重要属性介绍

• **反转路径**：调转路径的方向，使文字沿着路径的反方向进行排列，如图7-32所示。

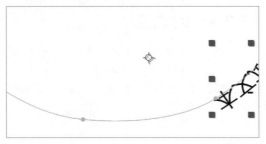

图7-32

• **垂直于路径**：默认为"开"，此时文字将垂直于路径。当设置为"关"时，文字将按照原本的方向显示，如图7-33所示。

图7-33

• **强制对齐**：默认为"关"，当设置为"开"时，文字将被调整至排满整条路径，此时可以结合"首字边距"和"末字边距"属性调整首端和末端的间距，如图7-34所示。

图7-34

7.3 文本动画制作器

文本动画制作器是After Effects 2023自带的文本动画制作工具，可以用于快速地制作一些文字动画效果。本节将根据以下步骤介绍使用文本动画制作器为文本设置动画的方法。

第1步：添加动画制作器，以指定需要设置动画的属性。

第2步：使用选择器来指定每个字符受动画制作器影响的程度或受到影响的范围。

第3步：调整动画制作器属性，以调整动画的细节。

7.3.1 课堂训练：文字随机淡入动画

素材位置	素材文件 >CH07>02
实例位置	实例文件 >CH07> 课堂训练：文字随机淡入动画
教学视频	课堂训练：文字随机淡入动画 .mp4
学习目标	掌握文本动画制作器的用法

本例制作的动画的静帧图如图7-35所示。

图7-35

01 新建一个合成，并将其命名为"随机淡入"，然后新建一个纯色的背景图层。导入本书学习资源中的"素材文件>CH07>02>文字随机淡入2.png"文件，并将其拖入合成中。然后使用"横排文字工具" T 创建点文本，切换至文字编辑模式后，在第1个气泡框中输入"在吗？有事找您"，在第2个气泡框中输入"您好，我现在不在，稍后回复"，如图7-36所示。

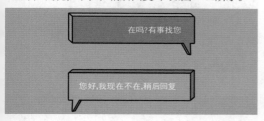

图7-36

02 选择"您好，我现在不在，稍后回复"图层，在"字符"面板中设置"填充颜色"为白色，"设置字体大小"为76像素，然后单击"文本"右侧的"动画"按钮 ，在下拉菜单中选择"不透明度"命令，如图7-37所示，向图层中添加带"不透明度"属性的动画制作器。

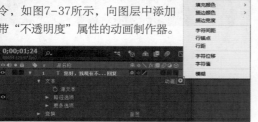

图7-37

03 选择"您好，我现在不在，稍后回复"图层，单击"文本"右侧的"动画"按钮 ，在下拉菜单中选择"模糊"命令，这时该图层中有两个动画制作器，如图7-38所示。

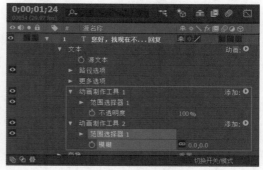

图7-38

> ⚠ **技巧与提示**
>
> 若未重新选择图层，那么会直接在当前动画制作器中添加新的属性，而不是生成一个新的动画制作器。

04 激活"范围选择器1"中的"起始"属性和"不透明度"属性的关键帧，并设置"随机排序"为"开"，然后对"动画制作工具2"中的"范围选择器1"的"起始"属性和"模糊"属性做相同的操作，如图7-39和图7-40所示。

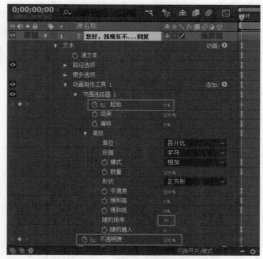

图7-39

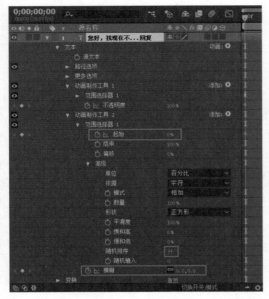

图7-40

05 将展开的属性折叠起来，然后按U键调出激活了关键帧的属性。将时间指示器移动到第0秒处，设置"不透明度"为0%，"模糊"为（20,20），如图7-41所示；将时间指示器移动到第2秒处，将两个选择器中的"起始"属性值设置为100%，并设置"不透明度"为100%，"模糊"为（0,0），如图7-42所示。选中所有的关键帧，按F9键将其转换为缓动关键帧。

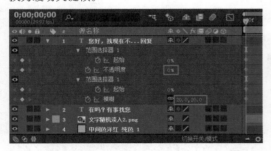

图7-41

图7-42

06 单击"播放"按钮▶，观看制作好的文字随机淡入动画，可以看到各个字符随机地由模糊转为清晰可见，该动画的静帧图如图7-43所示。

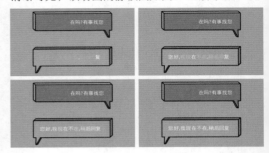

图7-43

7.3.2 添加动画制作器和选择器

展开文字图层，单击"文本"右侧的"动画"按钮❶，在下拉菜单中选择相应的文本动画属性后，图层中会添加动画制作器和选择器，如图7-44和图7-45所示。

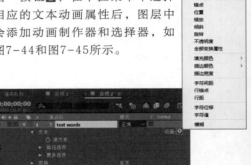

图7-44

图7-45

单击"动画制作工具1"右侧的"添加"按钮❶，在弹出的下拉菜单中可以为文本动画制作器添加新的动画属性和选择器，如图7-46所示。此时，除了默认的范围选择器以外，还可以选择摆动选择器或表达式选择器。

图7-46

7.3.3 动画制作器属性

动画制作器属性与其他图层属性非常类似，不同的是，它的值只影响由动画制作器组中的选择器选择的字符。通常在制作简单的动画时，我们不会为动画制作器属性设置关键帧或表达式，而是只为选择器设置关键帧或表达式，并仅指定动画制作器属性的结束值。各属性的具体含义如下。

重要属性介绍

• **锚点**：字符进行缩放和旋转等变换时的基准点，初始值为（0,0），即每个字符的正下方中心处。

• **位置**：字符的位置变换值，初始值为（0,0）。

• **缩放**：字符的缩放比例。

• **倾斜**：字符的倾斜度。

• **旋转**：字符的旋转角度。当启用逐字3D化功能时，可以单独设置x轴、y轴、z轴的旋转角度。

• **不透明度**：字符的不透明度。

• **全部变换属性**：将所有的变换属性一次性添加到动画制作器组中。

• **填充颜色**：文字填充颜色或增减量，可选择"RGB""色相""饱和度""亮度""不透明度"5种模式，后4种模式需设置增减量。当未启用文字填充时，该属性不起作用。

• **描边颜色**：文字描边颜色或增减量，可选择"RGB""色相""饱和度""亮度""不透明度"5种模式，后4种模式需设置增减量。当未启用文字描边时，该属性不起作用。

• **描边宽度**：描边宽度的增减量。当未启用文字描边时，该属性不起作用。

• **字符间距**：字符间的水平距离。

• **行锚点**：每行文本的字符间距对齐方式。0%为左对齐，50%为居中对齐，100%则为右对齐。

• **行距**：每行文本间的距离。

• **字符位移**：将选定字符偏移Unicode值。例

如，设置为1时，按字母顺序将单词中的字母改为下一个字母，单词test将变成uftu。

• **字符值**：选定字符的新Unicode值，将每个字符替换为由新值表示的字符。例如，设置为67时，会将单词中的所有字母替换为第67个Unicode字符（C），因此单词value将变为CCCCC。

• **字符范围**：字符的限制范围。每次向图层中添加"字符位移"或"字符值"属性时，该属性都会随之出现。选择"保留大小写及数位"选项，可将字符保留在其各自的组中。上述的组包括大写罗马字、小写罗马字、数字、符号和日语片假名等。若选择"完整的Unicode"选项，则允许无组别限制的字符更改。

• **模糊**：字符中的高斯模糊量。取消比例约束后，可以单独设置水平方向和竖直方向的模糊量。

7.3.4 选择器

添加文本动画制作器时，动画制作器组内会有一个默认的范围选择器。我们可以通过添加和删除的方法替换其他类型的选择器，或让多个选择器共同作用。表达式选择器比较复杂且并不常用，在此不做介绍。

选择器的作用机制与蒙版非常类似，当多个选择器同时存在时，通过"模式"属性可以决定选择器之间的交互模式。在选择器下的"高级"选项中可看到"模式"属性，如图7-47所示。

图7-47

除了"模式"属性外，"依据"属性也是3种选择器共有的属性。"依据"属性有"字符""不包含空格的字符""词""行"4个选项。当选择"字符"选项时，After Effects 2023会将空格也计算在文本字符内，并为单词之间的空格设置动画。由于空格不显示，因此实际上表现为词与词之间暂停的动画效果。

1.范围选择器

为文字图层添加了范围选择器后，"动画制作工具"中将会添加范围选择器属性。除了控制起点、终点和偏移量的"起始""结束""偏移"属性，范围选择器还包括多个高级属性，如图7-48所示。

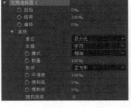

图7-48

重要属性介绍

• **单位**："开始""结束""偏移"属性值的单位，包括"百分比"和"索引"。选择"索引"选项时，选择器会基于"依据"属性值进行选择。

• **数量**：范围内字符受动画制作器属性影响的程度。

• **形状**：控制如何在开始和结束范围内选择字符，根据所选形状的不同在字符间创建不同的过渡，包括"正方形""上斜坡""下斜坡""三角形""圆形""平滑"形状。例如，在使用"下斜坡"形状为文本字符的y位置值设置动画时，字符将按一定的角度逐渐从左下角移动到右上角。

• **平滑度**：使用"正方形"形状时，动画从一个字符过渡到另一个字符所用的时间。

• **缓和高/缓和低**：确定被选定的字符的属性值从完全选定（高）更改为完全排除（低）的变化速度。例如，"缓和高"为100%，字符从完全选定变为部分选定时，属性值的变化将更加平缓；"缓和高"为-100%，字符从完全选定变为部分选定时，属性值的变化将非常迅速。

• **随机排序**：以随机的顺序向范围选择器指定的字符应用属性。

2.摆动选择器

摆动选择器可以为所选的动画属性添加摆动效果，使不同的字符产生不同程度的变化。添加摆动选择器后，每个字符间将产生不同的动画效果，如图7-49所示。

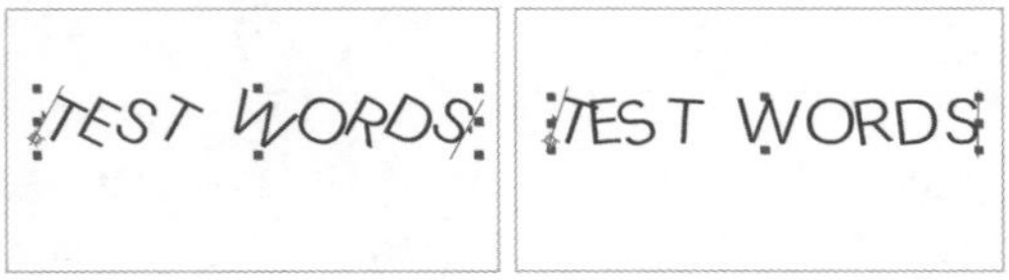

为文字图层添加摆动选择器后，"动画制作工具"中将会添加摆动选择器属性。除了具有选择器共有的属性外，摆动选择器还包括"最大量""最小量"等多个属性，如图7-50所示。

图7-50

重要属性介绍

• **最大量/最小量**：指定与选择项相比变化的上下范围。

• **摇摆/秒**：设置字符每秒的变化量。

• **关联**：每个字符变化的关联程度。该属性值为100%时，所有字符同时摆动相同的量；该属性值为0%时，所有字符独立地摆动。

• **时间相位/空间相位**：摆动的变化形态的依据，通过调整"时间相位"和"空间相位"属性值可更改摆动的样式。

• **锁定维度**：当动画属性涉及多个维度时，如"缩放"属性，将摆动选择器的每个维度缩放相同的值。

• **随机植入**：设置摆动的随机种子。

7.3.5 逐字3D化

启用逐字3D化功能时，文字图层中的每个字符将类似于文字图层内的单个3D图层，从而可以以3D形式移动、旋转和缩放单个字符。启用逐字3D化功能后，文字图层将变为3D图层，如图7-51所示。

图7-49

图7-51

向动画制作器添加"旋转"等属性后，可选属性将发生变化，原有的"旋转"属性变成了3个属性，从而可分别编辑字符绕每一个旋转轴旋转的幅度，如图7-52所示。

图7-52

7.4 课后习题

为了帮助读者巩固所学的知识，下面安排了两个课后习题供读者练习。

7.4.1 课后习题：文字随机摆动动画

素材位置	素材文件 >CH07>03
实例位置	实例文件 >CH07> 课后习题：文字随机摆动动画
教学视频	课后习题：文字随机摆动动画 .mp4
学习目标	掌握随机类动画的制作方法

本习题制作的动画的静帧图如图7-53所示。

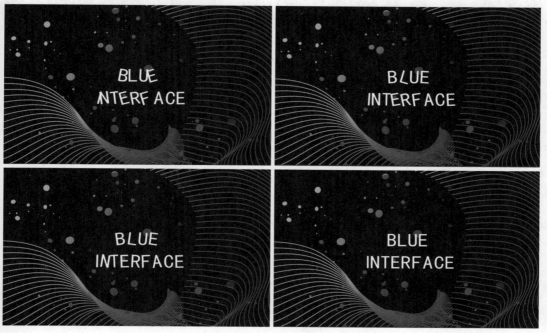

图7-53

7.4.2 课后习题：字幕展示闪烁动画

素材位置	素材文件 >CH07>04
实例位置	实例文件 >CH07> 课后习题：字幕展示闪烁动画
教学视频	课后习题：字幕展示闪烁动画 .mp4
学习目标	掌握随机类动画的制作方法

本习题制作的动画的静帧图如图7-54所示。

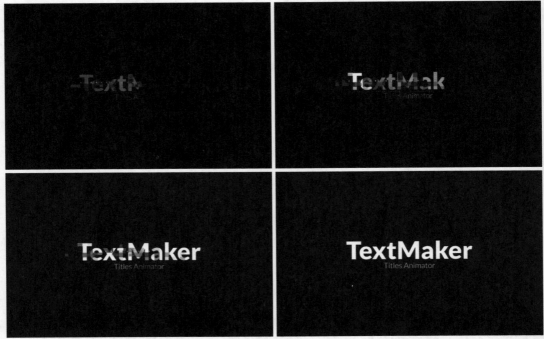

图7-54

第 8 章

色彩校正

本章导读

　　在影片的前期拍摄中，由于受到自然环境、拍摄设备及摄影师等客观因素的影响，拍摄的画面与真实效果有一定的偏差，所以需要对画面色彩进行校正，最大程度还原色彩。有时候，导演会根据片子的情节或氛围、意境提出色彩方面的要求，因此设计师还需要对画面色彩进行艺术化加工。

学习目标

◆ 了解色彩的基础知识。

◆ 掌握"曲线"滤镜的使用方法。

◆ 掌握"色阶"滤镜的使用方法。

◆ 掌握"色相／饱和度"滤镜的使用方法。

◆ 掌握"颜色平衡"滤镜的使用方法。

◆ 掌握"色光"滤镜的使用方法。

◆ 掌握"通道混合器"滤镜的使用方法。

8.1 色彩的基础知识

在影视制作中，不同的色彩会给人不同的心理感受，舒服的色彩可以营造各种独特的氛围和意境。本章将讲解After Effects 2023色彩修正的三大核心滤镜和其他常用滤镜，并通过实例来讲解常见的色彩修正技法。

8.1.1 色彩模式

色彩修正是影视制作中非常重要的内容，也是后期合成中必不可少的步骤之一。在学习调色之前，我们需要对色彩的基础知识有一定的了解。下面介绍几种常用的色彩模式。

1.HSB色彩模式

HSB色彩模式是我们在学习色彩知识的时候认识的第一个色彩模式。在学习色彩的时候，或者在日常生活中，我们能准确地说出红色、绿色，或者某人的衣服太艳、太灰、太亮等，是因为颜色具有色相、饱和度和亮度这3个基本属性。

色相取决于光谱成分的波长，它在色相环中用度数来表示，0°表示红色，360°也表示红色。黑色、白色、灰色属于无彩色，它们不在色相环中，色环和色值如图8-1和图8-2所示。

图8-1

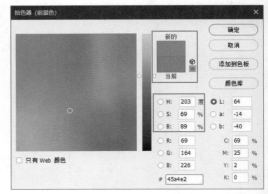

图8-2

当调色的时候，使画面偏蓝色一点，或者把模特的绿色衣服调整为红色，其实调整的都是画面的色相。图8-3所示的是同一张图在不同色相下的对比效果。

图8-3

饱和度也叫纯度，指的是颜色的鲜艳程度、纯净程度。饱和度越高，颜色越鲜艳；饱和度越低，颜色越偏向灰色。饱和度用百分比来表示，饱和度为0%时，画面变为灰色。图8-4所示是不同饱和度下的同一画面的对比效果。

图8-4

明度指的是物体颜色的明暗程度，明度也用百分比来表示。物体在不同强度的照明光线下会产生明暗差别。明度越高，颜色越明亮；明度越低，颜色越暗。图8-5所示是不同明度下的同一画面的对比效果。一个物体有了色相、饱和度和明度，它的色彩才会丰富。

图8-5

2.RGB色彩模式

　　RGB(红色、绿色、蓝色）色彩模式是工业界的一种颜色标准，这个标准几乎包括了人眼能感知到的所有颜色；它也是目前运用最广的颜色系统之一。在RGB色彩模式下，每个通道有256个（0~255）灰度色阶。

　　在常用的拾色器中，我们可以通过数值的变化来理解色彩的计算方式。打开拾色器，当RGB数值为（255,0,0）时，表示该颜色是纯红色，如图8-6所示。

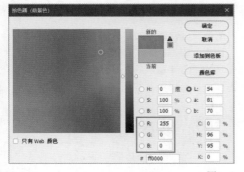

图8-6

　　同样的道理，当RGB数值为（0,255,0）时，表示该颜色是纯绿色；当RGB数值为（0,0,255）时，表示该颜色是纯蓝色，如图8-7和图8-8所示。

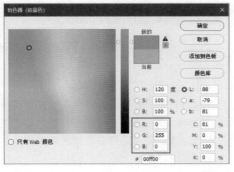

图8-7

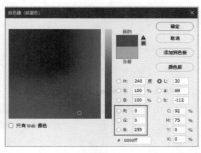

图8-8

　　当RGB的数值为最大值时，将3种色光混合在一起，可以产生白色，如图8-9所示，而且混合的颜色一般比原来的颜色亮度值要大，因此我们称这种模式为加色模式。

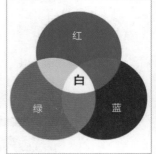

图8-9

　　当RGB的3个色光数值相等时，得到的是灰色。数值越小，颜色越偏向黑色，均为36时呈现出深灰色；数值越大，颜色越偏向白色，均为199时呈现出浅灰色，如图8-10和图8-11所示。

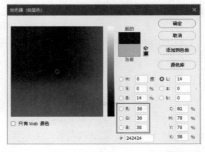

图8-10

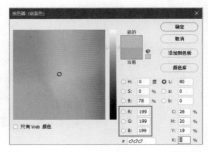

图8-11

3.CMYK色彩模式

C、M、Y分别代表青色、品红色、黄色，它们是印刷的三原色。印刷使用的是油墨，不同配比的油墨可以产生不同的颜色。打开拾色器，我们可以通过数值的变化来理解色值的计算方式。当CMY数值为（0%,0%,0%）时，得到的是白色，如图8-12所示。

图8-12

如果要印刷黑色，那就要求CMY的数值为（100%,100%,100%）。在一张白纸上，当青色、品红色、黄色的数值都为100%的时候，混合得到的就是黑色，但是这种黑色并不是纯黑色，如图8-13所示。

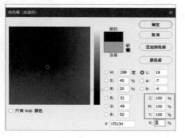

图8-13

理论上，将C、M、Y这3个色值均调整到100%是可以调配出黑色的，但实际的印刷工艺却无法调配出非常纯正的黑色油墨。为了将黑色印得更漂亮，印刷中专门引入了一种黑色油墨，用Black来表示，简称为K，所以印刷实际使用的是四色而不是三色。

当CMY的数值为最大值时，将3种油墨混合，得到的是黑色，如图8-14所示。由于青色、品红色和黄色3种油墨按照不同的百分比来混合，混合颜色的亮度会降低，因此这种色彩模式被称为减色模式。

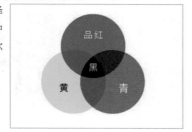

图8-14

8.1.2 位深度

位深度也称为像素深度或者色深度，它是显示器、数码相机和扫描仪等设备使用的专业术语。一般处理的图像都是由RGB通道或者RGBA通道组成的，用来记录每个通道颜色的量化位数就是位深度，也就是图像中有多少位像素表现颜色。

在计算机中，通常情况下用到的图像都是8bit的，即用2^8来进行量化，这样每个通道就有256种颜色。在普通的RGB图像中，每个通道都用8bit来进行量化。

在制作高分辨率项目时，为了表现更加丰富的画面，通常使用16bit图像，每个通道的颜色用2^{16}来进行量化，比8bit图像包含更多的颜色，所以16bit图像的色彩更加平滑，细节也非常丰富。

> **① 技巧与提示**
>
> 为了保证调色的质量，建议在调色时将项目的位深度设置为32bit，因为32bit的图像被称为HDR（高动态范围）图像，它的文件信息和色调比16bit图像丰富很多，主要用于电影级别的项目。

8.2 核心滤镜

After Effects 2023的"颜色校正"滤镜包中有很多色彩校正滤镜，本节挑选了三大核心滤镜来进行讲解，即"曲线""色阶""色相/饱和度"滤镜。这3个滤镜能够满足色彩校正中的绝大部分需求，掌握它们是十分必要的。

8.2.1 课堂训练：3D文字

素材位置	素材文件 >CH08>01
实例位置	实例文件 >CH08> 课堂训练：3D 文字
教学视频	课堂训练：3D 文字 .mp4
学习目标	掌握 "梯度渐变" 效果的使用方法

本例主要讲解如何通过后期制作去模拟文字的3D效果。对于那些要求不是很高、制作周期短的项目，该制作思路具有较高的参考价值。本例效果如图8-15所示。

图8-15

01 打开"素材文件>CH08>01>课堂训练:3D文字.aep"文件,然后加载Text合成,如图8-16所示。

图8-16

02 选择"璀璨星轨"图层,然后执行"效果>生成>梯度渐变"命令,接着在"效果控件"面板中设置"渐变起点"为(360,210),"起始颜色"为深灰色(R:27,G:27,B:27),"渐变终点"为(360,315),"结束颜色"为灰色(R:168,G:168,B:168),如图8-17所示。效果如图8-18所示。

图8-17

图8-18

03 选择"璀璨星轨"图层,然后执行"效果>透视>投影"命令,接着在"效果控件"面板中设置"不透明度"为100%,"方向"为(0x+245°),"距离"为2,如图8-19所示。

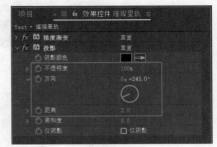

图8-19

04 选择"璀璨星轨"图层,然后执行"效果>透视>斜面Alpha"命令,接着在"效果控件"面板中设置"边缘厚度"为1,"灯光角度"为(0x+120°),"灯光强度"为0.5,如图8-20所示。

图8-20

05 选择"璀璨星轨"图层,然后执行"效果>颜色校正>曲线"命令,在"效果控件"面板中设置"通道"为RGB,接着调整曲线的形状,如图8-21所示。效果如图8-22所示。

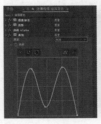

图8-21 图8-22

06 选择"璀璨星轨"图层,然后执行"效果>颜色校正>色相/饱和度"命令,接着在"效果控件"面板中勾选"彩色化"复选框,设置"着色色相"为(0x+55°),"着色饱和度"为100,"着色亮度"为10,如图8-23所示。效果如图8-24所示。

图8-23　　　　　　　　　　　　　　图8-24

07 选择"璀璨星轨"图层，按快捷键Ctrl+D复制图层，然后设置复制图层的混合模式为"屏幕"，接着设置"不透明度"为60%，如图8-25所示。效果如图8-26所示。

图8-25

图8-26

08 加载"3D文字"合成，然后渲染并输出动画，最终效果如图8-27所示。

图8-27

8.2.2 "曲线"滤镜

使用"曲线"滤镜可以在一次操作中就精确地完成图像整体或局部的对比度、色调范围及色彩的调节，在进行色彩校正时，自由度更高，甚至可以让糟糕的镜头重新焕发光彩。如果想让整个画面更明朗，让细节更加丰富，拉开暗调反差，可以使用"曲线"滤镜。

执行"效果>颜色校正>曲线"命令，在"效果控件"面板中展开"曲线"滤镜的属性，如图8-28所示。

图8-28

曲线左下角的端点代表暗调（黑场），中间的过渡点代表中间调（灰场），右上角的端点代表高光（白场）。图形的水平轴表示输入色阶，垂直轴表示输出色阶。曲线初始为倾斜45°的对角基线，因为输入色阶和输出色阶是完全相同的。曲线往上移动就是加亮，往下移动就是减暗，加亮的极限是255，减暗的极限是0。这里的"曲线"滤镜与Photoshop中的"曲线"滤镜的功能相似。

属性详解

• **通道**：选择需要调整的色彩通道，可以选择RGB、"红色""绿色""蓝色"或Alpha通道。

• **曲线**：通过调整曲线的形状或绘制曲线来调整图像的色调。

• **切换**▣▣▣▣▣▣：切换操作区域的大小。

• **曲线工具**▣：使用该工具可以在曲线上添加点，并且可以移动添加的点；如果要删除点，只需要将选择的点拖曳到曲线图之外即可。

• **铅笔工具**▣：使用该工具可以任意绘制曲线。

• **打开**：打开保存好的曲线，也可以打开Photoshop中的曲线文件。

• **自动**：自动修改曲线，增加图层的对比度。

• **平滑**：将曲线变得更加平滑。

• **保存**：将当前色调曲线存储起来，便于

以后重复利用。保存好的曲线文件可以应用到
Photoshop中。

- **重置**：将曲线恢复到默认的直线状态。

8.2.3 "色阶"滤镜

本小节将介绍"色阶"滤镜的相关概念。在
学习之前，读者需要了解直方图的作用和含义。

1.关于直方图

直方图就是以图像的方式来展示视频的影调
构成。一幅8bit的灰度图像可以显示256个灰阶，
因此灰阶可以用来表示画面的亮度层次。

对于彩色图像，可以将彩色图像的R、G、B通
道分别用8bit的黑白影调来表示，而这3个颜色通
道共同构成了亮度通道。对于带有Alpha通道的图
像，可以用4个通道来表示图像的信息，也就是通
常所说的RGB+Alpha通道。

直方图表示在黑色与白色的256个灰阶中，每
个灰阶在视频中
有多少个像素。
从图8-29中可
以看出画面偏
暗，大部分像素
都集中在0~128
阶中，其中0表
示纯黑色，255
表示纯白色。

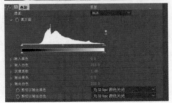

图8-29

通过直方图可以很容易地观察出视频画面的
影调分布情况，如果一张照片具有大面积的暗色，
那么它的直方图的左边肯定分布了很多峰状波形，
如图8-30所示。

图8-30

如果一张照片具有大面积的亮色，那么它的直
方图的右边肯定分布了很多峰状波形，如图8-31
所示。

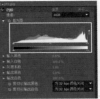

图8-31

除了可以显示画面的影调分布情况外，最为
重要的一点是直方图还可以显示画面上阴影和高
光的位置。当使用"色阶"滤镜调整画面影调时，
通过直方图寻找高光和阴影，可以获得调整思路。

除此之外，通过直方图还可以很方便地辨别出
视频的画质。如果在直方图中发现顶部被平切了，
这就表示视频的一部分高光或阴影区域受到了损
失。如果中间出现了缺口，那么就表示对这张图片
进行了多次操作，并且画质受到了严重损失。

2."色阶"滤镜属性

"色阶"滤镜用直方图描述出整幅图像的明
暗信息。使用该滤镜可以调整图像的阴影、中间
调和高光的关系，从而调整图像的色调范围、色
彩平衡等。另外，使用"色阶"滤镜可以扩大图
像的动态范围（动态范围是指摄像机能记录的图像
的亮度范围），查看
和修正曝光，提高对
比度等。

执行"效果>颜色
校正>色阶"命令，在
"效果控件"面板中展
开"色阶"滤镜的属
性，如图8-32所示。

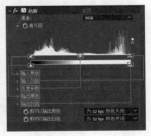

图8-32

属性详解

- **通道**：设置滤镜要应用的通道，可以选择
RGB、"红色""绿色""蓝色"或Alpha通道进行单
独的色阶调整。
- **直方图**：通过直方图可以观察到各个影调
的像素在图像中的分布情况。
- **输入黑色**：控制输入图像中的黑色阈值。
- **输入白色**：控制输入图像中的白色阈值。

- **灰度系数**：调节图像影调的阴影和高光的相对值。
- **输出黑色**：控制输出图像中的黑色阈值。
- **输出白色**：控制输出图像中的白色阈值。

> ⚠ **技巧与提示**
>
> 如果不对"输出黑色"和"输出白色"数值进行调整，而单独调整"灰度系数"数值，将"灰度系数"滑块向右移动时，图像的暗调区域将逐渐增大，高亮区域将逐渐减小，如图8-33所示。

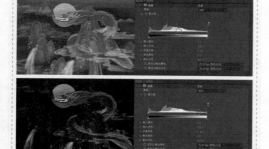

图8-33

将"灰度系数"滑块向左移动时，图像的高亮区域将逐渐增大，而暗调区域将逐渐减小，如图8-34所示。

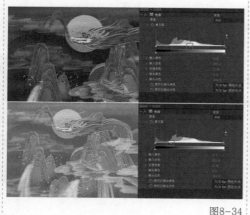

图8-34

8.2.4 "色相/饱和度"滤镜

使用"色相/饱和度"滤镜可以调整图像的色相、亮度和饱和度。具体来说，使用"色相/饱和度"滤镜可以调整图像中单个颜色的色相、饱和度和亮度，该滤镜是一个功能非常强大的图像颜色调整工具。

执行"效果>颜色校正>色相/饱和度"命令，在"效果控件"面板中展开"色相/饱和度"滤镜的属性，如图8-35所示。

图8-35

属性详解

- **通道控制**：设置受滤镜影响的通道，默认设置为"主"，表示影响所有的通道；如果选择其他通道，通过"通道范围"属性可以查看通道受滤镜影响的范围。
- **通道范围**：显示通道受滤镜影响的范围。
- **主色相**：控制所调节颜色通道的色调。
- **主饱和度**：控制所调节颜色通道的饱和度。
- **主亮度**：控制所调节颜色通道的亮度。
- **彩色化**：控制是否将图像设置为彩色图像。勾选该复选框之后，将激活"着色色相""着色饱和度""着色亮度"属性。
- **着色色相**：将灰度图像转换为彩色图像。
- **着色饱和度**：控制彩色图像的饱和度。
- **着色亮度**：控制彩色图像的亮度。

> ⚠ **技巧与提示**
>
> "主饱和度"属性值越大，饱和度越高，反之饱和度越低，取值范围为-100~100。"主亮度"属性值越大，亮度越高，反之越低，取值范围为-100~100。

8.3 其他常用滤镜

本节挑选了"颜色校正"滤镜包中常用的滤镜来进行讲解，主要包括"颜色平衡（HLS）""色光""通道混合器""色调""三色调""曝光度""照片滤镜""更改颜色""更改为颜色"等滤镜。

8.3.1 课堂训练：模拟电影风格的校色

素材位置	素材文件 >CH08>02
实例位置	实例文件 >CH08> 课堂训练：模拟电影风格的校色
教学视频	课堂训练：模拟电影风格的校色 .mp4
学习目标	掌握"颜色校正"滤镜包中常用滤镜的使用方法

本例综合应用了"色调""曲线""颜色平衡"等多个滤镜，通过本例的学习，读者可以掌握电影风格的校色方法，本例调整前后的对比效果如图8-36所示。

图8-36

01 打开"素材文件>CH08>02>课堂训练：模拟电影风格的校色.aep"文件，然后打开"原片.JPG"素材，如图8-37所示。

图8-37

02 选择"原片"图层，然后执行"效果>颜色校正>色调"命令，接着在"效果控件"面板中设置"着色数量"为45%，如图8-38所示。

图8-38

03 选择"原片"图层，然后执行"效果>颜色校正>曲线"命令，接着在"效果控件"面板中分别设置RGB、"红色""绿色""蓝色"通道中的曲线，如图8-39～图8-42所示。效果如图8-43所示。

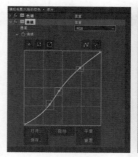

图8-39

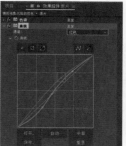

图8-40

图8-41

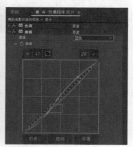

图8-42

图8-43

04 选择"原片"图层，然后执行"效果>颜色校正>色调"命令，接着在"效果控件"面板中设置"着色数量"为50%，如图8-44所示。

图8-44

05 选择"原片"图层，然后执行"效果>颜色校正>颜色平衡"命令，接着在"效果控件"面板中分别设置阴影、中间调和高光部分的属性，如图8-45所示。效果如图8-46所示。

图8-45

图8-46

8.3.2 "颜色平衡"滤镜

"颜色平衡"滤镜主要通过控制红色、绿色、蓝色在中间色、阴影和高光中占的比重来控制图像的色彩，非常适用于精细地调整图像的高光、阴影和中间色，调整前后的对比效果如图8-47所示。

图8-47

执行"效果>颜色校正>颜色平衡"命令，在"效果控件"面板中展开"颜色平衡"滤镜的属性，如图8-48所示。

图8-48

属性详解

• **阴影红色/绿色/蓝色平衡**：在阴影通道中调整颜色的范围。

• **中间调红色/绿色/蓝色平衡**：在中间调通道中调整颜色的范围。

• **高光红色/绿色/蓝色平衡**：在高光通道中调整颜色的范围。

• **保持发光度**：保留图像颜色的平均亮度。

8.3.3 "颜色平衡（HLS）"滤镜

可以将"颜色平衡（HLS）"滤镜理解为"色相/饱和度"滤镜的简化版本，通过调整"色相""亮度""饱和度"属性来调整图像的色彩平衡效果，该滤镜的属性如图8-49所示。

图8-49

为图8-50所示的图像分别添加"色相/饱和度"滤镜和"颜色平衡（HLS）"滤镜后，设置一样的色相和饱和度属性值，得到的效果是完全一致的，如图8-51和图8-52所示。

图8-50

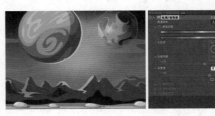

图8-51

图8-52

8.3.4 "色光"滤镜

"色光"滤镜的原理与Photoshop的渐变映射原理基本一样。使用该滤镜，我们可以根据画面不同的灰度将选择的颜色映射到素材上，还可以选择素材进行置换，甚至通过黑白映射来抠像，如图8-53所示。

图8-53

执行"效果>颜色校正>色光"命令，在"效果控件"面板中展开"色光"滤镜的属性，如图8-54所示。

图8-54

属性详解

- **输入相位**：设置色光的特性和产生色光的图层。
  - » **获得相位，自**：指定采用图像的哪一种元素来产生色光。
  - » **添加相位**：指定在合成图像中产生色光的图层。
  - » **添加相位，自**：指定用哪一个通道来添加色彩。
  - » **添加模式**：指定色光的添加模式。
  - » **相移**：切换色光的相位。
- **输出循环**：设置色光的样式。通过"输出循环"色轮可以调节彩色区域的颜色变化。
  - » **使用预设调板**：从系统自带的多种色光效果中选择一种。
  - » **循环重复次数**：控制色光颜色的循环次数。数值越大，杂点越多，如果将其设置为0，该属性将不起作用。
  - » **插值调板**：如果取消勾选该复选框，系统将以256色在色轮上产生彩色光。
- **修改**：在其下拉列表中可以指定一种影响当前图层色彩的通道。
- **像素选区**：指定色光在当前图层上影响像素的范围。
  - » **匹配颜色**：指定匹配色光的颜色。
  - » **匹配容差**：指定匹配像素的容差度。
  - » **匹配柔和度**：指定选择像素的柔化区域，使受影响的区域与未受影响的像素之间产生柔和的过渡效果。
  - » **匹配模式**：设置颜色匹配的模式。如果选择"关"模式，系统将忽略像素匹配而影响整个图像。
- **蒙版**：指定一个蒙版层，并且可以为其指定蒙版模式。

- **与原始图像混合**：设置当前效果层与原始图像的融合程度。

8.3.5 "通道混合器"滤镜

"通道混合器"滤镜可以通过混合当前通道来改变画面的颜色。使用该滤镜可以制作出普通色彩校正滤镜不容易实现的效果，如图8-55所示。

处理前

处理后

图8-55

执行"效果>颜色校正>通道混合器"命令，在"效果控件"面板中展开"通道混合器"滤镜的属性，如图8-56所示。

图8-56

属性详解

- **红色-红色/红色-绿色/红色-蓝色**：设置红色通道颜色的混合比例。
- **绿色-红色/绿色-绿色/绿色-蓝色**：设置绿色通道颜色的混合比例。
- **蓝色-红色/蓝色-绿色/蓝色-蓝色**：设置蓝色通道颜色的混合比例。
- **红色-恒量/绿色-恒量/蓝色-恒量**：调整红色、绿色和蓝色通道的对比度。
- **单色**：勾选该复选框后，彩色图像将转换为灰度图像。

8.3.6 "色调"滤镜

使用"色调"滤镜可以将画面中的暗部及亮部的颜色替换成自定义的颜色，如图8-57所示。

图8-57

执行"效果>颜色校正>色调"命令，在"效果控件"面板中展开"色调"滤镜的属性，如图8-58所示。

图8-58

属性详解

• **将黑色映射到**：将图像中的黑色替换成指定的颜色。

• **将白色映射到**：将图像中的白色替换成指定的颜色。

• **着色数量**：设置染色的作用程度，0%表示完全不起作用，100%表示完全作用于画面。

8.3.7 "三色调"滤镜

可以将"三色调"滤镜理解为"色调"滤镜的强化版本，它可以对画面中的阴影、中间调和高光进行颜色映射，从而更换画面的色调，该滤镜的属性如图8-59所示。

图8-59

属性详解

• **高光**：用来设置替换高光的颜色。

• **中间调**：用来设置替换中间调的颜色。

• **阴影**：用来设置替换阴影的颜色。

• **与原始图像混合**：用来设置效果层与来源层的混合程度。

以图8-60所示的原始画面为例，在分别添加"三色调"滤镜和"色调"滤镜后，可以很明显地观察到图8-61的效果比图8-62的效果细腻很多。

图8-60

图8-61

图8-62

8.3.8 "曝光度"滤镜

对于那些曝光不足和较暗的画面，可以使用"曝光度"滤镜来校正其颜色。"曝光度"滤镜主要用来修复画面的曝光度，该滤镜的属性如图8-63所示。

图8-63

属性详解

• **通道**：指定通道的类型，包括"主要通道"

和"单个通道"两种类型。"主要通道"选项用来一次性调整整体通道；"单个通道"选项主要用来对RGB通道中的各个通道进行单独调整。

- **主**：一次性调整整体通道的"曝光度""偏移""灰度系数校正"属性值。
  - » **曝光度**：控制图像的整体曝光度。
  - » **偏移**：设置图像整体色彩的偏移程度。
  - » **灰度系数校正**：设置图像整体的灰度值。
- **红色/绿色/蓝色**：分别用来调整R、G、B各个通道的"曝光度""偏移""灰度系数校正"属性值，只有设置"通道"为"单个通道"时，这些属性才会被激活。

8.3.9 "照片滤镜"滤镜

使用"照片滤镜"滤镜相当于为素材添加一个滤色镜，以达到校正颜色或补偿光线的作用，如图8-64所示。

图8-64

> **(!) 技巧与提示**
>
> 滤色镜也称为滤光镜，是根据不同波段对光线进行选择性吸收的光学器件。它由镜圈和滤光片组成，常装在照相机或摄像机镜头前面。黑白摄影用的滤色镜的主要作用是校正黑白片感色性及调整反差、消除干扰光等；彩色摄影用的滤色镜的主要作用是校正光源色温，对色彩进行补偿。

执行"效果>颜色校正>照片滤镜"命令，在"效果控件"面板中展开"照片滤镜"滤镜的属性，如图8-65所示。

图8-65

属性详解

- **滤镜**：设置需要过滤的颜色，可以从其下拉列表中选择系统自带的多种过滤色。
- **颜色**：设置需要过滤的颜色。只有设置"滤镜"为"自定义"时，该属性才可用。
- **密度**：设置重新着色的程度，数值越大，效果越明显。
- **保持发光度**：勾选该复选框时，可以在过滤颜色的同时保持原始图像的明暗分布层次。

8.3.10 "更改颜色"与"更改为颜色"滤镜

使用"更改颜色"滤镜可以改变某个色彩范围内的色调，以达到置换颜色的目的，如图8-66所示。

图8-66

执行"效果>颜色校正>更改颜色"命令，在"效果控件"面板中展开"更改颜色"滤镜的属性，如图8-67所示。

图8-67

属性详解

- **视图**：设置在"合成"面板中查看图像的方式。设置为"校正的图层"，显示的是校正颜色后的效果，也就是最终效果；设置为"颜色校正蒙版"，显示的是校正颜色后的遮罩部分的效果，也就是图像中被改变部分的效果。
- **色相变换**：调整所选颜色的色相。
- **亮度变换**：调整所选颜色的亮度。
- **饱和度变换**：调整所选颜色的饱和度。

- **要更改的颜色**：指定要被修正的区域的颜色。

- **匹配容差**：指定颜色匹配的相似程度，即颜色的容差度。数值越大，被修正的颜色区域越大。

- **匹配柔和度**：设置颜色的柔和度。

- **匹配颜色**：指定匹配的颜色空间，共有"使用RGB""使用色相""使用色度"3个选项。

- **反转颜色校正蒙版**：勾选该复选框，可以使用吸管工具拾取图像中相同颜色的区域来进行反转操作。

"更改为颜色"滤镜的作用类似于"更改颜色"滤镜，可以将画面中某个特定颜色置换成另外一种颜色；只不过"更改为颜色"滤镜的可控参数更多，得到的效果也更加精确，该滤镜的属性如图8-68所示。

图8-68

属性详解

- **自**：指定要转换的颜色。

- **至**：指定转换成何种颜色。

- **更改**：指定影响HSL色彩模式中的哪一个通道。

- **更改方式**：指定颜色的转换方式，共有"设置为颜色"和"变换为颜色"两个选项。

- **容差**：指定色相、亮度和饱和度的数值。

- **柔和度**：控制转换后的颜色的柔和度。

- **查看校正遮罩**：勾选该复选框时，可以查看颜色未被修改过的区域。

8.4 课后习题

为了帮助读者巩固所学知识，本节安排了两个课后习题供读者练习。

8.4.1 课后习题：制作冷色调视频

素材位置	素材文件 >CH08>03
实例位置	实例文件 >CH08> 课后习题：制作冷色调视频
教学视频	课后习题：制作冷色调视频 .mp4
学习目标	掌握调色类滤镜的使用方法

本习题调色前后的对比效果如图8-69所示。

图8-69

操作提示

第1步：添加"曲线"滤镜，通过3个颜色通道将素材调整为冷色调。

第2步：添加"色相/饱和度"滤镜，进一步调整不同颜色通道的饱和度和亮度。

8.4.2 课后习题：制作暖色调视频

素材位置	素材文件 >CH08>04
实例位置	实例文件 >CH08> 课后习题：制作暖色调视频
教学视频	课后习题：制作暖色调视频 .mp4
学习目标	掌握调色类效果的使用方法

本习题将素材视频调整为暖色调并添加光晕，效果如图8-70所示。

图8-70

操作提示

第1步：通过各种调色类效果将整个视频调整为暖色调。

第2步：添加光晕效果。

第 9 章

表达式动画

本章导读

  当我们想制作一段比较复杂的动画，但又不想创建几十个，甚至更多的关键帧时，可以使用After Effects 2023中的表达式功能。表达式是一小段代码，将表达式插入我们制作的项目中，系统便能自动计算出图层在某个时间点的属性值，这就使得动画的制作难度大大降低了，并且还能制作出关键帧动画达不到的效果。

学习目标

◆ 理解不同的表达式所代表的意义。

◆ 掌握使用常用表达式制作动画的方法。

◆ 掌握使用动态链接制作动画的方法。

9.1 表达式概述

After Effects 2023中的表达式是基于标准的JavaScript语言开发的，用于制作高级效果的功能。它将一个或多个特效的设置作为动画预设保存起来，同时也保存了关键帧，因此我们不必了解JavaScript语言基础知识，了解常用的一些表达式和动态链接就可以满足大部分动画的制作需求了。

9.1.1 激活表达式

在图9-1中，右侧框内的字符就是"不透明度"属性的表达式。激活表达式后，有时属性本身的值就不再起作用了，而是根据表达式的计算结果来显示图层（图中"不透明度"属性值仍为默认的100%）。一些表达式则作用在原本的属性值上，如wiggle表达式是在原本属性值的基础上添加随机摆动。

图9-1

选中图层的某一个属性，按快捷键Shift + Alt + +或按住Alt键并单击属性左侧的秒表按钮 ，即可完成表达式的添加，这时时间轴的右侧会出现带有表达式的文本框，如图9-2所示。在表达式行中的4个图标表示的是编辑表达式的辅助工具。

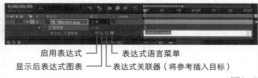

启用表达式 ——   —— 表达式语言菜单
显示后表达式图表 ——   —— 表达式关联器（将参考插入目标）

图9-2

ⓘ 技巧与提示

同理，选中带有表达式的属性后，再次按快捷键Shift + Alt + +或按住Alt键并单击属性左侧的秒表按钮 ，即可取消表达式。

单击表达式字符所在的文本框进入可编辑状态（激活表达式后默认进入可编辑状态），如图9-3所示，此时可以在文本框内输入由字符组成的表达式。在表达式编辑完成后，单击表达式文本框外部的任意地方或按Enter键，均可以退出可编辑状态，从而完成一小段表达式的输入。

单击前   单击后   图9-3

ⓘ 技巧与提示

单击"表达式语言菜单"图标 ，可以快捷地在文本框处添加After Effects 2023中预置的函数或变量，如添加代表图层宽度的变量width，如图9-4和图9-5所示。

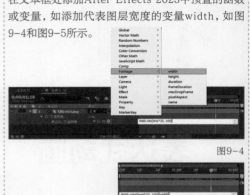

图9-4

图9-5

9.1.2 显示表达式结果

在激活表达式后，属性值将显示为红色，如图9-6所示。此时拖曳时间指示器可以观察在不同时刻表达式所计算的结果。

图9-6

ⓘ 技巧与提示

对有单个值的属性来说（如"不透明度"属性），表达式的结果就是单个的值；对有多个值的属性来说（如"位置"属性），需要有多个分别对应的值（如"X位置"值和"Y位置"值，在制作3D类动画时还需要有对应的"Z位置"值），这时表达式的结果是用中括号括起的数值组，如[960,540]。

之前介绍过"图表编辑器"的知识，通过该功能也能观察表达式的计算结果。单击表达式行中的"显示后表达式图表"图标，在"图表编辑器"中可以看到表达式结果所对应的值曲线或速度曲线。在图9-7中，图表中显示了设置的表达式Math.min(time*20, 100)的计算结果所对应的值曲线。

图9-7

9.2 常用表达式

在实际应用表达式时，一般不用在表达式文本框中编写大段的代码，而是通过一些简单的表达式简化动画的制作过程，因而需要我们掌握一些在工作中非常常用的表达式。

9.2.1 课堂训练：手机演示动画

素材位置	素材文件 >CH09>01
实例位置	实例文件 >CH09> 课堂训练：手机演示动画
教学视频	课堂训练：手机演示动画.mp4
学习目标	了解表达式的作用、不同的表达式对属性值的影响

本例制作的动画的静帧图如图9-8所示。

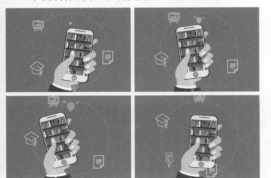

图9-8

01 导入本书学习资源中的"素材文件>CH09>01>手机.ai"文件，导入时设置"导入为"为"合成 - 保持图层大小"，即可自动根据素材创建"手机"

合成。选择"图层1"，然后使用"锚点工具"将锚点移动到手腕的位置，如图9-9所示。

图9-9

02 按R键调出"旋转"属性，按住Alt键并单击左侧的秒表按钮，然后在表达式文本框中输入Math.cos(time*4)*15，如图9-10所示，使拿着手机的手随时间的推移而左右摆动。

图9-10

> ⓘ **技巧与提示**
>
> time指的是秒数，所以Math.cos(time*4)*15的含义是4倍秒数的余弦函数值乘以15。

03 选择"图层7""图层4""图层5""图层6"，单击"对齐"面板中的"水平居中对齐"按钮和"垂直居中分布"按钮，将4个形状移动到画面的中心，如图9-11所示。

图9-11

04 让4个形状随着手的摆动产生一些有趣的运动，制作出广告效果。选择"图层7""图层4""图层5""图层6"，按P键调出这些图层的"位置"属性，并分别激活它们的表达式，然后分别在"图层7""图层4""图层5""图层6"的表达式文本框中输入以下表达式，使这4个图层以半径为900mm绕画面中心进行旋转，如图9-12所示。

a=time+2.3
r=900
transform.position+[Math.cos(a)*r,Math.sin(a)*r]（图层7）
a=time+1.2
r=900
transform.position+[Math.cos(a)*r,Math.sin(a)*r]（图层4）
a=time
r=900
transform.position+[Math.cos(a)*r,Math.sin(a)*r]（图层5）
a=time+3.5
r=900
transform.position+[Math.cos(a)*r,Math.sin(a)*r]（图层6）

图9-12

> **① 技巧与提示**
>
> 可以看到，以上4组表达式中都有变量a的正弦函数和余弦函数，而每组表达式中的变量a都与时间变量time相关，如此便实现了让4个图层绕着画面中心旋转的效果。

05 选择"图层2"，然后使用"锚点工具"将锚点移动到灯泡的底部，如图9-13所示。

图9-13

06 选择"图层2"，按S键调出"缩放"属性。将时间指示器移动到第0秒处，并设置该属性值为（0，0）%，并单击左侧的秒表按钮激活其关键帧，如图9-14所示；将时间指示器移动到第1秒处，并设置"缩放"为（100，100）%，如图9-15所示，让灯泡在画面中从小变大。

图9-14

图9-15

07 选择"图层2"，按T键调出"不透明度"属性。将时间指示器移动到第20帧处，然后单击左侧的秒表按钮激活其关键帧；接着将时间指示器移动到第1秒5帧处，并设置"不透明度"为0%，如图9-16所示，让灯泡在画面中逐渐淡出。

图9-16

08 背景图层旋转后，需要对空白部分进行填充。按快捷键Ctrl+Y创建一个纯色图层，设置"颜色"为橙色（R:226,G:9,B:48），并将该图层放置在底层，如图9-17所示。

图9-17

09 单击"播放"按钮 ，观看制作好的手机演示动画，该动画的静帧图如图9-18所示。

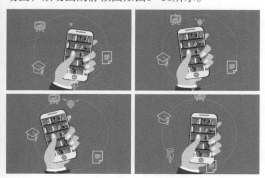

图9-18

9.2.2 time（时间）

time是指第几秒。例如，当时间为第1秒时，time的值为1；当时间为第3秒时，time的值为3。也就是说time的值随时间的变化而变化。将"旋转"属性的表达式设置为time*90，可以看到在时间指示器移动到第0秒和第1秒处时，表达式的结果分别为（0x+0°）和（0x+90°），如图9-19和图9-20所示。

图9-19

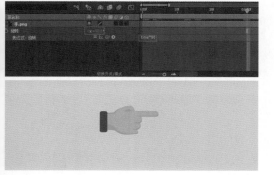

图9-20

> **技巧与提示**
>
> 一般用代表当前时间的time变量来快速制作与时间相关的效果，如时钟的指针转动或物体下落的效果，省去了手动设置关键帧数值的操作。

9.2.3 index（索引）

index对应的是图层在合成中的顺序，当图层编号为2时，index的值就为2。每一个图层都有自己的编号，根据图层编号不同，我们可以为不同的图层制作不同的效果。将每个图层的"旋转"属性的表达式设置为index*60，当图层的编号为1、2、3时，表达式对应的结果分别为（0x+60°）、（0x+120°）、（0x+180°），如图9-21所示。

图9-21

9.2.4 wiggle（摇摆）

wiggle()是制作随机摆动效果的预置函数，它有两个参数，分别为代表摆动频率（1秒摆动的次数）的参数freq，代表摆动最大幅度的参数amp。该函数常用于制作类似于气泡的轻微摆动动画。气泡在水中浮动时，一边平缓地上升，一边进行微小的摆动，如图9-22所示。

图9-22

这里气泡在水中进行竖直方向上的运动，所以需要控制"位置"属性在y轴上的变量。按P键调出"气泡.png"图层的"位置"属性，然后单击鼠标右键并选择"单独尺寸"选项，拆分出"X位置"和"Y位置"两个属性。将时间指示器移动到第3秒处，激活"Y位置"属性的关键帧，设置该属性值为300，如图9-23所示；将时间指示器移动到第0秒处，设置该属性值为900，如图9-24所示。

图9-23

图9-24

气泡在上升时会左右摆动，也就是说需要激活"X位置"属性的表达式。在表达式文本框中输入wiggle(1,30)，如图9-25所示，可为气泡添加一个缓慢且幅度小的摆动效果。从这个例子中可以看出气泡在上升的过程中一共摆动了3次。

图9-25

> (!) **技巧与提示**
>
> 可将视频稍微放大，以减少抖动导致的黑边现象。

9.2.5 random（随机）

random()是产生随机数的预置函数。random()函数可以生成随时间变化的随机值，随机值默认为0~1。该函数常常搭配符号"＋"和"＊"进行运算，如random()+3或random()*5，以表示在一定范围内的随机数。random(300) + 500表示500~800范围内的随机值，如图9-26和图9-27所示。

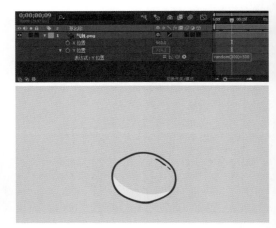

图9-26

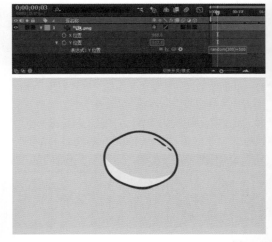

图9-27

9.2.6 loopOut（循环）

loopOut()是制作循环动画的预置函数。loopOut()函数需要结合关键帧使用。在不输入任何参数的情况下，loopOut()函数会循环已设置的所有关键帧。在图9-28中，"图表编辑器"中的实线部分为关键帧部分，虚线部分为loopOut()函数生成部分，可以看到loopOut()函数根据原有的关键帧自动生成了后续的属性值。

图9-28

循环动画是常见的一种动画，下面通过一个例子对循环动画的原理进行讲解。在图9-29中，信号灯按绿色、黄色、红色的顺序进行循环变化。

图9-29

在第0秒时只有绿灯亮。多选"红灯.png""黄灯.png""绿灯.png"图层，按T键调出这3个图层的"不透明度"属性，并设置"红灯.png""黄灯.png""绿灯.png"图层的"不透明度"属性值分别为0%、0%和100%，最后激活它们的关键帧，如图9-30所示。

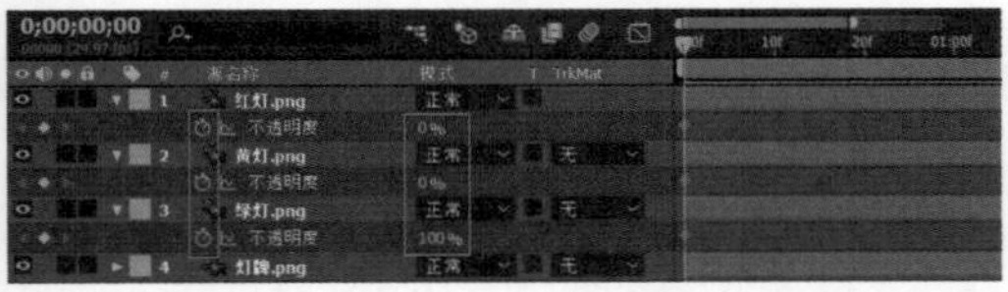

图9-30

在第1秒时只有黄灯亮。将时间指示器移动到第1秒处，设置"红灯.png""黄灯.png""绿灯.png"图层的"不透明度"属性值分别为0%、100%和0%，如图9-31所示。

图9-31

在第2秒时只有红灯亮。将时间指示器移动到第2秒处，设置"红灯.png""黄灯.png""绿灯.png"图层的"不透明度"属性值分别为100%、0%和0%，如图9-32所示。

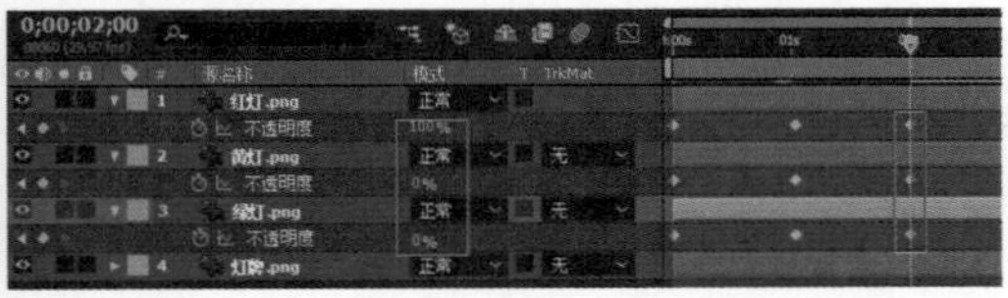

图9-32

从第3秒开始信号灯回到第0秒时的效果。选中"红灯.png"图层在第0秒处的"不透明度"关键帧，按快捷键Ctrl+C进行复制，将时间指示器移动到第3秒处，然后按快捷键Ctrl+V进行粘贴。接着对"黄灯.png"和"绿灯.png"图层的"不透明度"关键帧进行相同的操作，如图9-33所示。

图9-33

用循环表达式使动画按顺序循环变化。选择"红灯.png"图层，按住Alt键单击"不透明度"属性左侧的秒表按钮■激活表达式，然后输入loopOut()，接着对"黄灯.png"和"绿灯.png"图层进行相同的操作，如图9-34所示。从这个例子中可以看出使用loopOut()函数制作循环动画非常便捷。

图9-34

9.3 函数菜单

除了一些预置的变量和函数外，After Effects 2023还提供了表达式函数菜单功能，可以帮助我们便捷地添加表达式。函数菜单共有17栏，每一栏内的表达式都有着相似的特性。一些栏内的表达式简单且常用，而一些栏内的表达式则较为复杂。本节将简单介绍函数菜单中部分常用栏内的表达式的作用。

9.3.1 课堂训练：城市标志动画

素材位置	素材文件 >CH09>02
实例位置	实例文件 >CH09> 课堂训练：城市标志动画
教学视频	课堂训练：城市标志动画 .mp4
学习目标	掌握表达式的用法和制作循环动画的方法

本例制作的动画的静帧图如图9-35所示。

图9-35

01 导入 "素材文件>CH09>02>城市标志.ai" 文件，导入时设置 "导入为" 为 "合成 - 保持图层大小"，即可自动根据素材创建 "城市标志" 合成。选择 "图层3"，然后使用 "锚点工具" 将锚点移动到红色标志的底部，如图9-36所示。

图9-36

02 按R键调出 "图层3" 的 "旋转" 属性，按住Alt键并单击左侧的秒表按钮 ，然后在表达式文本框中输入wiggle(2,8)，如图9-37所示，使红色标志随时间的变化而轻微摆动。

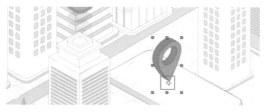

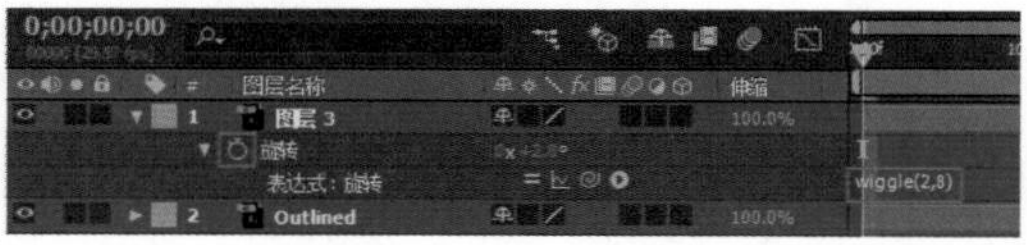

图9-37

03 按P键调出 "位置" 属性，按住Alt键单击左侧的秒表按钮 ，然后在表达式文本框中输入transform.position –[0,Math.sin(time*5)*30]，如图9-38所示，使红色标志上下跳动。

图9-38

> ⓘ **技巧与提示**
>
> 在上述表达式中，transform.position代表本图层的 "变换>位置" 属性，其值为[X位置,Y位置]，

减去[0,Math.sin(time*5)*30]，就相当于将 "X位置" 值减去0，将 "Y位置" 值减去Math.sin(time*5)*30。Math.sin(time*5)*30表达式的含义为5倍秒数的正弦函数的30倍。

04 使用 "椭圆工具" 在红色标志的底部绘制一个扁平的椭圆形，并且不使用填充，然后设置 "描边颜色" 为浅蓝色（R:170,G:290,B:210），"描边宽度" 为12像素。选择新建立的形状图层，按快捷键Ctrl + Alt + Home将锚点移动到形状的中心，如图9-39所示。

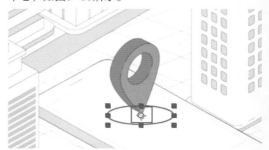

图9-39

05 选中 "形状图层1"，按S键调出 "缩放" 属性。将时间指示器移动到第0秒处，设置该属性值为（0,0）%，并单击左侧的秒表按钮 激活关键帧，如图9-40所示；将时间指示器移动到第5帧处，设置该属性值为（80,80）%，如图9-41所示；将时间指示器移动到第27帧处，并设置该属性值为（100,100）%，如图9-42所示。

图9-40

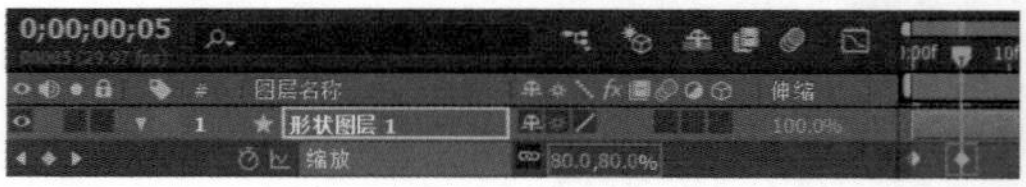

图9-41

图9-42

06 全选 "形状图层1" 中的关键帧，按F9键将其转换为缓动关键帧；再单独选择中间的关键帧，按住Ctrl键后单击两次该关键帧，将其转换为圆形关键帧，如图9-43所示。

图9-43

07 按住Alt键并单击左侧的秒表按钮◎，然后在表达式文本框中输入loopOut()，如图9-44所示，使椭圆形的缩放动画循环播放。

图9-44

08 选择"形状图层1"，按T键调出"不透明度"属性。将时间指示器移动到第3个关键帧处（第27帧处），设置该属性值为0%，然后单击左侧的秒表按钮◎激活其关键帧，如图9-45所示；将时间指示器移动到第20帧处，并设置"不透明度"为100%，如图9-46所示；将时间指示器移动到第0秒处，设置"不透明度"为20%，如图9-47所示，使椭圆形在缩放的同时闪烁。

图9-46

图9-47

09 按住Alt键后单击左侧的秒表按钮◎，然后在表达式文本框中输入loopOut()，如图9-48所示，使椭圆形的不透明度动画循环播放，制作出水面波纹的效果。

图9-48

10 将"形状图层1"移动到"图层3"的下一层。单击"播放"按钮▶，观看制作好的城市标志动画，该动画的静帧图如图9-49所示。

图9-45

图9-49

9.3.2 Global（全局）

全局表达式栏包含一些预先定义好的通用变量和函数，在其中我们可以看到前面讲的time变量，如图9-50所示。

```
comp(name)
footage(name)
thisComp
time
colorDepth
posterizeTime(framesPerSecond)
timeToFrames(t = time + thisComp.displayStartTime, fps = 1.0 / thisComp.frameDuration, isDuration = false)
framesToTime(frames, fps = 1.0 / thisComp.frameDuration)
timeToTimecode(t = time + thisComp.displayStartTime, timecodeBase = 30, isDuration = false)
timeToNTSCTimecode(t = time + thisComp.displayStartTime, ntscDropFrame = false, isDuration = false)
timeToFeetAndFrames(t = time + thisComp.displayStartTime, fps = 1.0 / thisComp.frameDuration, framesPerFoot = 16, isDuration = false)
timeToCurrentFormat(t = time + thisComp.displayStartTime, fps = 1.0 / thisComp.frameDuration, isDuration = false, ntscDropFrame = thisComp.ntscDropFrame)
```

图9-50

重要表达式介绍

• comp(name)：表示获取名称为name的合成。

• footage(name)：表示获取名称为name的素材，如footage("纸飞机Logo.png").height表示获取"纸飞机Logo.png"素材的高度。

- **thisComp**：表示获取当前合成，如thisComp.layer(1)表示获取当前合成的第一个图层。
- **colorDepth**：返回8或16(表示色彩深度数值)，与在"项目设置"对话框中设置的色彩深度有关。
- **timeToFrames(t=time+thisComp.displayStartTime,fps=1.0/thisComp.frameDuration,isDuration=false)**：其函数值为当前时刻的帧数。

9.3.3 Comp（合成）

合成表达式栏包含一些合成类的函数或变量，如图9-51所示，这些函数或变量必须接在代表合成的表达式后才能正常作用，如Comp("合成1").width指"合成1"的宽度。Footage(素材)、Layer（图层）等栏内的表达式也是同样的道理，必须接在对应的类后才能起作用。

图9-51

重要表达式介绍

- **layer(index)**：表示获取序号为index的合成。
- **layer(name)**：表示获取合成内名称为name的图层。
- **numLayers**：表示合成内的图层数量。
- **width**：表示合成的宽度。
- **height**：表示合成的高度。
- **duration**：表示合成的持续时间。
- **bgColor**：表示合成的背景颜色。
- **name**：表示合成的名称。

9.3.4 Random Numbers（随机数）

随机数表达式栏包含一些用于生成随机数的函数，如random()，如图9-52所示。

图9-52

重要表达式介绍

- **seedRandom(seed,timeless=false)**：通过设置不同的随机种子让random()函数有不同的取值。
- **random()**：返回0~1的一个随机数。
- **random(maxValOrArray)**：输入一个数值，即maxVal，返回0~maxVal的随机数；输入一个数组，即maxArray，返回与maxArray相同维度的数组，数组的每个元素在0~maxArray，如random([2,3])返回分别在0~2和0~3的两个随机数组成的数组。
- **gaussRandom()**：与random()函数的使用方式相同，不同点在于gaussRandom()函数的输出值符合高斯随机分布。
- **noise(valOrArray)**：可产生不随时间变化的随机数。

9.3.5 Interpolation（插值）

插值表达式栏包含一些线性或平滑插值表达式，如图9-53所示。

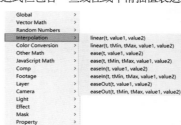

图9-53

重要表达式介绍

• linear(t,value1,value2)：当t的范围为0~1时，返回一个value1~value2的线性插值结果；当t≤0时，返回value1；当t≥1时，返回value2。

• linear(t,tMin,tMax,value1,value2)：当t的范围为tMin~tMax时，返回一个value1~value2的线性插值结果；当t≤tMin时，返回value1；当t≥tMax时，返回value2。

• ease()：与linear()函数的用法相同，但在value1和value2附近的插值变化得非常平缓。使用ease()函数可以制作非常平滑的动画。

• easeIn()：与linear()函数的用法相同，但是只有在value1附近的插值变平滑，在value2附近的插值仍为线性。

• easeOut()：与linear()函数的用法相同，但是只有在value2附近的插值变平滑，在value1附近的插值仍为线性。

9.3.6 Color Conversion（颜色转换）

颜色转换表达式栏提供了两种用于转换颜色格式的函数，如图9-54所示。

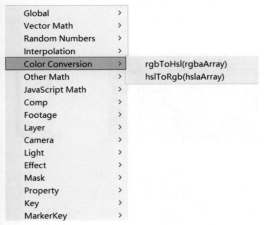

图9-54

重要表达式介绍

• rgbToHsl(rgbaArray)：将RGBA色彩空间转换为HSLA色彩空间。输入由R、G、B和Alpha通道值组成的数组，它们的范围都为0~1。函数输出的是一个指定色相、饱和度、亮度和透明度的数组，它们的范围同样为0~1。

• hslToRgb(hslaArray)：作用与rgbToHsl（rgbaArray）相反，是将HSLA色彩空间转换为RGBA色彩空间。

9.3.7 Other Math（其他数学）

其他数学表达式栏包含两个用于转换角度的函数，如图9-55所示。

图9-55

重要表达式介绍

• degreesToRadians(degrees)：将角度制转换为弧度制。

• radiansToDegrees(radians)：将弧度制转换为角度制。

9.3.8 JavaScript Math（脚本数学）

脚本数学表达式栏提供了一些常用的数学函数，如Math.cos(value)和Math.log(value)，如图9-56所示。

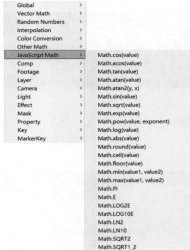

图9-56

9.4 动态链接

动态链接是After Effects 2023中另外一种简化表达式的功能。简单来说，使用动态链接可以通过拖曳指向线直接获取指向对应元素的表达式，而不必手动输入大段代码。

9.4.1 课堂训练：镜面动画

素材位置	素材文件 >CH09>03
实例位置	实例文件 >CH09> 课堂训练：镜面动画
教学视频	课堂训练：镜面动画 .mp4
学习目标	掌握动态链接的用法、认识相反的运动

本例制作的动画的静帧图如图9-57所示。

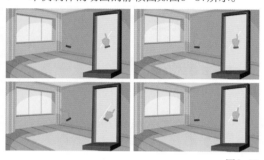

图9-57

01 新建一个合成，并将其命名为"镜面"。导入学习资源中的"素材文件>CH09>03>镜子.png、手.png"文件，将"镜子.png"拖入合成中，并设置"缩放"为（50,50)%，然后将其拖曳到画面的右侧，如图9-58所示。

图9-58

02 将"手.png"拖入合成中，并设置"缩放"为（5,5)%，然后将其拖曳到镜子上，如图9-59所示。

图9-59

03 使用"锚点工具" 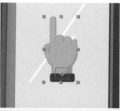 将"手.png"图层的锚点移动到手腕处，然后将时间指示器移动到第0秒处，按R键调出"旋转"属性，单击左侧的秒表按钮 激活其关键帧，如图9-60所示。

图9-60

04 分别将时间指示器移动到第19帧、1秒22帧和2秒10帧处，并分别设置"旋转"为（0x –19.8°）、（0x+31°）和（0x+0°），使手左右摇摆，如图9-61和图9-62所示。

图9-61

图9-62

05 将"手.png"拖入合成中，并将其重命名为"手（镜面外）"，然后将锚点移动到手腕处，如图9-63所示。

图9-63

06 按P键调出"手（镜面外）"图层的"位置"属性，单击鼠标右键并选择"单独尺寸"选项，拆分出"X位置"和"Y位置"属性。按住Alt键并单击"Y位置"属性左侧的秒表按钮 ，将"表达式关联器"图标 拖曳到"手.png"图层中"位置"属性的y值上，如图9-64所示，这样就能保证两只手在画面中的高度一致。

图9-64

07 选择"手（镜面外）"图层，按R键调出"旋转"属性，然后按住Alt键并单击左侧的秒表按钮，将"表达式关联器"图标拖曳到"手.png"图层的"旋转"属性上。如果想要让镜中的手与镜外的手有相反的运动，可以在生成的表达式前添加 –1*，如图9-65所示，以实现镜面效果。

图9-65

08 选择"手.png"图层，然后单击"缩放"属性的"约束比例"图标取消比例约束，并设置该属性值为（ –5,5)%，"不透明度"为70%，如图9-66和图9-67所示，让镜中的手反转并制作出半透明效果。

图9-66

图9-67

09 导入"素材文件>CH09>03>房间.png"文件，然后将其拖入合成中，并将其放置在底层，接着按S键调出"缩放"属性，并设置该属性值为（185,185）%，如图9-68所示。

图9-68

10 单击"播放"按钮，观看制作好的镜面动画，该动画的静帧图如图9-69所示。

图9-69

9.4.2 建立动态链接

使用动态链接可以快速添加一段表达式。与父子关系的用法一样，动态链接也需要作用于两个图层。使用动态链接需要将表达式行中的"表达式关联器"图标拖曳到目标素材、图层、属性或属性值处，表达式文本框内就会出现与指向元素相同的表达式，如图9-70所示。

图9-70

9.4.3 表达式控制

表达式控制指的是After Effects 2023提供的一类效果，这类效果不对作用的图层产生任何影响。在使用时一般为效果的属性设置关键帧，并搭配表达式使用，以弥补表达式不随时间变化的缺陷。除此之外，还可以将各个图层的属性链接到同一图层的不同表达式控制效果中，便于进行统一的调整。执行"效果>表达式控制"命令，选择需要的效果，即可在"效果控件"面板中添加相应的效果，如图9-71所示。

图9-71

重要效果介绍

- **3D点控制**：生成一个3D的坐标。
- **点控制**：生成一个2D的坐标。
- **复选框控制**：生成一个复选框。通过复选框决定是否用if、else等语句控制表达式。
- **滑块控制**：生成一个滑块值。0~100的值都可以通过拖曳滑块调整，在这个范围之外的值则需要手动输入。
- **角度控制**：生成一个角度值。

- **图层控制**：添加效果后，效果指代一个图层。
- **颜色控制**：生成一个颜色。

⚠ **技巧与提示**

在"效果控件"面板中选中效果后，按Enter键可以对效果进行重命名，如图9-72所示。对表达式控制效果进行重命名，可以防止后续忘记添加效果的原因。

图9-72

9.5 课后习题

为了帮助读者巩固前面学习的知识，下面安排了两个课后习题供读者练习。

9.5.1 课后习题：小船过河动画

素材位置	素材文件 >CH09>04
实例位置	实例文件 >CH09> 课后习题：小船过河动画
教学视频	课后习题：小船过河动画 .mp4
学习目标	制作物体移动并摇摆的动画

本习题制作的动画的静帧图如图9-73所示。

图9-73

9.5.2 课后习题：缆车加速下落动画

素材位置	素材文件 >CH09>05
实例位置	实例文件 >CH09> 课后习题：缆车加速下落动画
教学视频	课后习题：缆车加速下落动画 .mp4
学习目标	制作物体加速下落并摇摆的动画

本习题制作的动画的静帧图如图9-74所示。

图9-74

第 10 章

变速动画的编辑

本章导读

在制作动画时，除了添加图形元素、设置关键帧外，还有一个关键步骤就是调整动画的速度。速度在动画中发挥着非常重要的作用，适度且缓急分明的速度可以让元素更有表现力，让元素在不失真的情况下更有趣。这里的速度并不是指视频的播放速度，而是指动画中各个元素的变化速度。在有背景音乐或音效的动画中，速度非常关键，若能与音乐节奏相契合，则能实现1+1>2的效果。

学习目标

◆ 了解动画中常见的几种运动状态。

◆ 掌握用"图表编辑器"调整值曲线和速度曲线的方法。

◆ 掌握用时间重映射功能制作动画的方法。

◆ 掌握使动画与音频匹配的技巧。

10.1 认识元素的运动状态

如果动画中的所有元素都匀速变化，那么就会缺乏真实感。为了制作出生动的动画，我们需要知道适合元素的运动状态有哪些。

10.1.1 观察运动曲线

仅观察一帧图像，只能知道元素所处的位置，而无法直观地感受到其运动的速度。如果要对动画进行预览，那么每次调节参数后都需要重新进行预渲染，这样操作十分不便。因此在实际的操作过程中，多是通过查看速度曲线和值曲线来观察元素的运动状态。速度曲线和值曲线分别指"图表编辑器"中的速度图表和值图表中的曲线，如图10-1所示。通过观察这两条曲线，我们就能更好地掌握元素在时间轴上的位置和其速度随时间变化的程度。

图10-1

下面以一组水平移动的小球为例，通过观察速度曲线和值曲线的变化来认识元素在不同运动状态下的区别。使①、②和③号小球均在2秒内向右移动相同的距离，如图10-2所示。

图10-2

①号小球的关键帧为默认的菱形关键帧，小球在0~2秒匀速运动，其速度曲线和值曲线如图10-3所示。匀速运动的速度曲线为一条水平的直线，而值曲线为一条倾斜的直线。

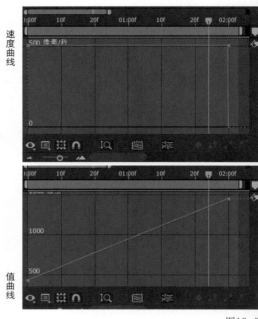

图10-3

②号小球的关键帧均为缓动关键帧，其速度曲线和值曲线如图10-4所示。从速度曲线可以看出小球的速度在1秒左右最快，而在0秒和2秒附近时速度几乎为0；从值曲线可以看出小球在0秒和2秒附近几乎不运动，这时的曲线方向接近水平，曲线在1秒左右的变化最剧烈，最为陡峭。

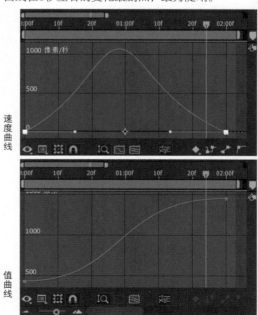

图10-4

③号小球先进行加速运动，在快速超过终点后又退回，其速度曲线和值曲线如图10-5所示。从速度曲线可以看出小球逐渐加速，在1.5秒左右速度达到峰值，随后速度迅速下降，即接近2秒处的速度为负值；从值曲线可以看出小球在1秒23帧处到达最远处，随后开始退回。

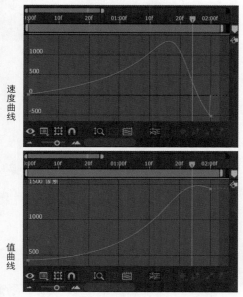

图10-5

如图10-6所示，我们可以从小球的不同运动状态中发现，同样是一个简单的水平位移运动，与①号小球相比，②、③号小球更加生动。②号小球在①号小球的基础上添加了在起点、终点附近加速和减速的过程，突出了小球的惯性，使运动更具有真实性；③号小球则添加了一个先超过终点后回退的过程，多了一份"冒失"感，这就使得画面更加生动了。

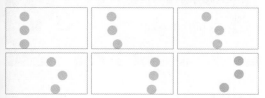

图10-6

10.1.2 合适的动画速度

从10.1.1小节的例子可以看出，不同的运动速度表现出的效果是不同的，合理的运动速度能够增强画面的美感。尽管观者的感受非常主观且因人而异，但在大多数情况下，只使用几个简单的菱形关键帧制作动画，给人的观感都不会太好。通过使用一些技巧，我们可以快速调节出更灵动的、质量更好的动画。

1.惯性

惯性是物体保持静止状态或匀速直线运动状态的性质，使物体速度的方向和大小不会发生突变。在10.1.1小节中，②号小球进行加速和减速运动都是为了表达物体在真实世界中的运动状态。与非匀速运动相同，有惯性的元素在运动时往往比速度突变的元素更加有趣且真实。在图10-7中，车辆的状态应该从静止到加速，再驶离画面，而不应该直接从静止状态变为快速运动状态。

图10-7

2.弹性

弹性和惯性相同，也是一种物理性质，是指物体发生形变后，能恢复到原来的大小和形状的属性。它在制作一些元素交互较多的动画或某些具有弹性元素的动画时尤为常见。在图10-8中，小球在落地弹起的过程中发生弹性形变，这种变化生动且真实。若此过程中小球仍然保持原来的形状，那么动画看起来会非常生硬，并且没有活力。

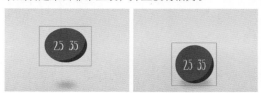

图10-8

3.随机性

对多元素堆积的动画来说，尽量不要让各元素的运动状态相同。通过让各个元素的运动速度、大小、方向或运动起始时间不同来为动画添加随机性，以增强画面的丰富程度，避免观者感到乏味。在图10-9中，手机周围的齿轮、螺母、工具等图案都是散乱分布的，画面非常丰富。

图10-9

10.2 常见的运动状态

本节将介绍一些常见的运动状态，包括渐快启动、缓速停止、回弹停止和弹性停止，还将介绍如何通过编辑曲线来实现这些运动状态。

10.2.1 课堂训练：飞机平缓降落动画

素材位置	素材文件 >CH10>01
实例位置	实例文件 >CH10> 课堂训练：飞机平缓降落动画
教学视频	课堂训练：飞机平缓降落动画 .mp4
学习目标	初步了解物体的速度变化

本例制作的动画的静帧图如图10-10所示。

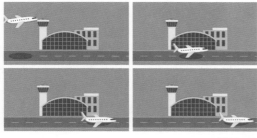

图10-10

01 创建一个合成，并将其命名为"飞机降落"。导入本书学习资源中的"素材文件>CH10>01>飞机.png、机场.png"文件，并将"飞机.png"和"机场.png"文件拖入合成中。创建一个纯色图层，设置颜色为橙色。调整3个图层的顺序，如图10-11所示。

图10-11

02 选择"飞机.png"图层，按S键调出"缩放"属性，并设置该属性值为（25,25）%，将飞机元素调整为合适大小，并将其拖曳到画面的左上方，如图10-12所示。

图10-12

03 选择"飞机.png"图层，按P键调出"位置"属性，单击鼠标右键并选择"单独尺寸"选项，将其拆分为"X位置"和"Y位置"属性，并激活这两个属性的关键帧，如图10-13所示。

图10-13

04 按F9键将上述两个关键帧转变为缓动关键帧，然后将时间指示器移动到第2秒处，并设置"Y属性"为868，使飞机位于跑道上，如图10-14所示。

图10-14

05 将时间指示器移动到第3秒处，并设置"X属性"为1586，使飞机位于画面的右侧，如图10-15所示。

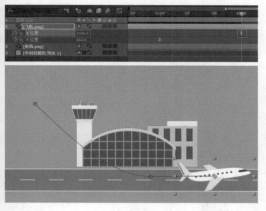

图10-15

06 选择"Y位置"属性，进入"图表编辑器"，然后将表示开始的手柄向斜上方拖曳，将表示结束的手柄向左侧拖曳，将曲线调整为图10-16所示的形状，使飞机在竖直方向上实现缓速停止的运动状态。

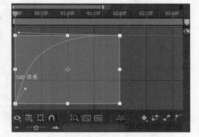

图10-16

> **① 技巧与提示**
>
> 若默认显示的不是值图表，那么单击"选择图表类型和选项"按钮█并选择"编辑值图表"命令即可。

07 选择"X位置"属性，按照同样的方式调节表示开始和结束的手柄，将曲线调整为图10-17所示的形状，使飞机在水平方向上实现缓速停止的运动状态。

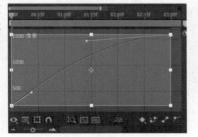

图10-17

08 退出"图表编辑器"，按R键调出"飞机.png"图层的"旋转"属性，然后激活该属性的关键帧，将时间指示器移动到第2秒处，并设置"旋转"为（0x+7°），使飞机停止时方向处于水平方向，选中这两个关键帧，按F9键将其转变为缓动关键帧，如图10-18所示。

图10-18

09 使用"椭圆工具"█绘制一个略小于飞机的椭圆形，用于制作飞机的影子，设置"填充颜色"为深灰色（R:95,G:95,B:95），"描边宽度"为0像素，并将该图层重命名为"影子"，如图10-19所示。

图10-19

10 按P键调出"影子"图层的"位置"属性，单击鼠标右键并选择"单独尺寸"选项，将其拆分为"X位置"和"Y位置"属性。按住Alt键并单击"X位置"属性左侧的秒表按钮，在表达式文本框中输入value+thisComp.layer("飞机.png").transform.xPosition -228，通过动态链接让影子获得飞机的"X位置"属性值，如图10-20所示，使影子跟随飞机一起运动。

图10-20

⑪ 将"影子"图层放置在"飞机.png"图层和"机场.png"图层之间，然后按T键调出"影子"图层的"不透明度"属性，并设置该属性值为70%，使影子的颜色不过于明显，如图10-21所示。

图10-21

⑫ 单击"播放"按钮▶，观看制作好的飞机降落动画，可以看到飞机在水平方向和竖直方向上均可缓速停止，飞机下落时的速度较快，最终缓慢停止，跑道上的影子也随飞机一起运动。该动画的静帧图如图10-22所示。

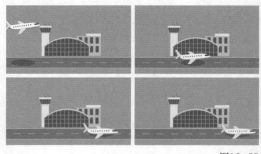

图10-22

10.2.2 渐快启动

　　渐快启动的速度曲线和值曲线如图10-23所示。

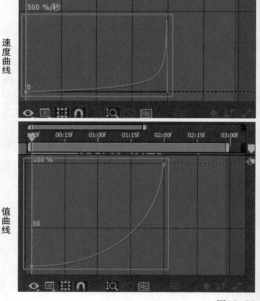

图10-23

1.特点

　　渐快启动的值曲线的特点是随着时间的变化越来越陡峭，而速度曲线则没有特定的形状，但都应呈上升趋势。换句话说，任何一种速度越来越快的运动都属于这一类别。渐快启动类运动在视觉上常表现为前一阶段运动缓慢（类似于缓冲），后一阶段运动迅速。它的优点是速度变化平滑，在快速阶段能够很好地吸引观者的注意力；缺点是慢速阶段较为枯燥，此外，运动结束时由高速直接转换为静止不符合物体的惯性。因此渐快启动常常在以下情况中使用。

第1种情况，与其他元素的运动组合，在慢速阶段，画面以其他元素为主，这样慢速阶段既可以增加画面的随机性，又可以作为第2阶段的缓冲。

第2种情况，避免观者看到运动的结束阶段，如令元素的运动终点在画面之外或将其置于其他元素的背后，又或者将渐快启动应用于转场，在末尾让元素充满整个画面。

在图10-24中，红色色块从画面周围由缓至快地充满整个画面，作为动画的转场。

图10-24

2.制作步骤

创建好始末位置的缓动关键帧后，进入"图表编辑器"的值图表界面，将代表开始的手柄向右拖曳，将代表结束的手柄向斜下方拖曳，如图10-25所示，完成渐快启动运动的制作。

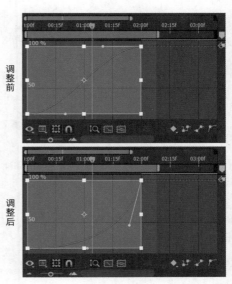

调整前

调整后

图10-25

> **① 技巧与提示**
>
> 两个手柄的长度越长，两个阶段的速度差异就越大。

10.2.3 缓速停止

缓速停止的速度曲线和值曲线如图10-26所示。

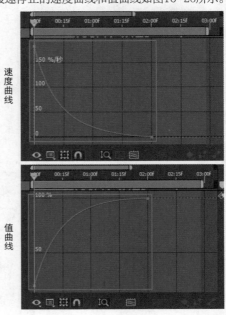

速度曲线

值曲线

图10-26

1.特点

缓速停止的值曲线的特点是随着时间的变化越来越平缓，这一点与渐快启动完全相反。同样，缓速停止的速度曲线也没有特定的形状，都呈下降趋势，即任何一种速度越来越慢，最终为0的运动都属于这一类别，因此缓速停止常常在以下情况中使用。

第1种情况，与其他元素的运动组合，在慢速阶段，画面以其他元素为主，这样慢速阶段既可以增加画面的随机性，又可以平缓地将元素过渡至静止状态。

第2种情况，避免观者看到运动的快速阶段，如令元素的运动起点在画面之外或将其置于其他元素的背后，又或者将缓速停止应用于转场，在开始时让元素充满整个画面。若要突出画面的突变感，可以不隐藏快速阶段。

在图10-27中，从画面外快速伸入画面的手逐渐减速并缓慢停止，自然地将观者的注意力吸引到手上的文字信息上。

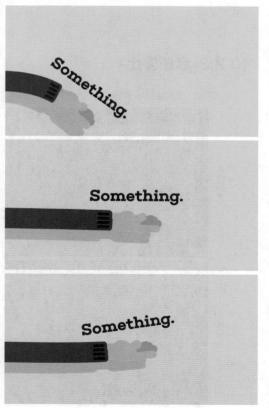

图10-27

2.制作步骤

创建好始末位置的缓动关键帧后，进入"图表编辑器"的值图表界面，将代表开始的手柄向斜上方拖曳，将代表结束的手柄向左拖曳，如图10-28所示，完成缓速停止运动的制作。

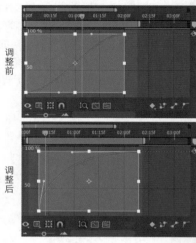

调整前

调整后

图10-28

10.2.4 回弹停止

回弹停止的速度曲线和值曲线如图10-29所示。

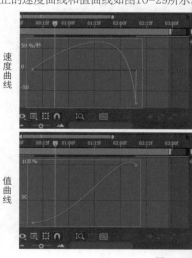

速度曲线

值曲线

图10-29

1.特点

回弹停止的速度曲线的特点是在接近停止时速度变为负值（或由负值变为正值），而值曲线则在到达顶峰后略微下落。回弹停止的优点是同时包含两个相反方向的速度，使动画的内容更为丰富，同时结尾处的回弹起到了类似过渡的效果，使动画看起来不突兀。在图10-30中，人物头顶的吊灯被吹向了左侧，在回摆时超过了平衡位置，最后稳定在画面中央。

图10-30

有时我们会通过增加第3个关键帧的方法在结尾处添加缓速停止动作，使停止时的速度变化完全平缓，如图10-31所示。

图10-31

2.制作步骤

创建好始末位置的缓动关键帧后，进入"图表编辑器"的值图表界面。将代表结束的手柄向左上方拖曳，该处会形成一个"凸包"，根据实际需求调整代表开始的手柄，如图10-32所示，完成回弹停止运动的制作。

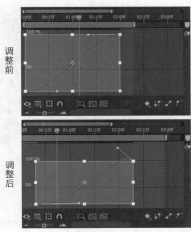

图10-32

> ① **技巧与提示**
>
> "凸包"应尽量小一点，否则在动画结束时会有违和感。

10.2.5 弹性停止

弹性停止的速度曲线和值曲线如图10-33所示。

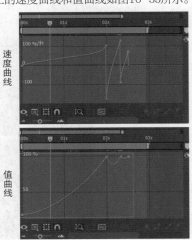

图10-33

1.特点

弹性停止的特点是速度曲线值多次在正负之间波动，而值曲线则呈倒立的山峰状。弹性停止一般在制作物品掉落在地面上的动画时使用，表现落地后多次反弹，最终停止的运动状态。在图10-34中，从天上落下的桌椅在落地后弹起又落下。

图10-34

2.制作步骤

创建好始末位置的缓动关键帧后，向右拖曳时间指示器，建立两个与末位置关键帧属性值相同的关键帧，并将这两个关键帧的间距缩小，如图10-35所示。进入"图表编辑器"的值图表界面，此时值曲线如图10-36所示。

图10-35　　　　　　　图10-36

调整第2个、第3个和第4个关键帧的手柄，将其沿斜下方拖曳。由于第3个和第4个关键帧距离较近，因此可以先调整时间导航器的范围，再调节手柄，如图10-37所示，完成弹性停止运动的制作。

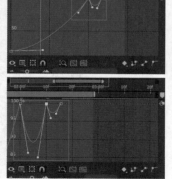

图10-37

对于视频图层、音频图层和合成图层这些不添加关键帧也会随时间变化的图层，可以通过时间重映射改变素材时间的流逝速度来调整动画速度。

10.3.1 课堂训练：音乐播放器动画

素材位置	素材文件 >CH10>02
实例位置	实例文件 >CH10> 课堂训练：音乐播放器动画
教学视频	课堂训练：音乐播放器动画 .mp4
学习目标	掌握使动画与音乐节奏匹配的方法

本例制作的动画的静帧图如图10-38所示。

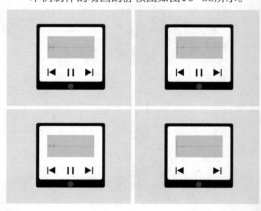

图10-38

01 导入本书学习资源中的"素材文件>CH10>02>播放.png、暂停.png、播放器.png"文件，并将"播放器.png"文件拖曳到"新建合成"按钮上，即可创建一个"播放器"合成。然后将"播放.png"和"暂停.png"文件拖入合成中，在"合成"面板中调整两个按钮的位置，使其位于按钮一栏，如图10-39所示。

图10-39

02 将任意音乐（本例仅需要捕捉音乐的音频振幅，任意音频文件即可，请读者自行下载。）文件拖入合成中，展开"音频"中的"波形"属性，查看音频的波形图，可以看到该音频从第2秒开始音量变大，如图10-40所示。

图10-40

03 将时间指示器移动到第2秒处，按快捷键Alt＋[删除第2秒前的音频；将时间指示器移动到第5 秒，按快捷键Alt＋] 删除第5秒后的音频，如图10-41 所示。将裁剪后的音频文件移动到第0秒处，如 图10-42所示。

图10-41

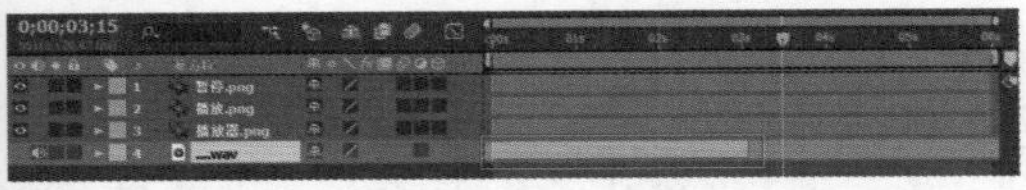

图10-42

04 按快捷键Ctrl＋Y创建一个纯色图层（使用任意一 个颜色），然后执行"效果>生成>音频频谱"命令为 其添加音频频谱效果。在"效果控件"面板中单击 "起始点"属性右侧的按钮，然后在"合成"面板 中单击播放器屏幕中矩形左边缘的中点，将起始点设 置在该位置，如图10-43所示。同理，将结束点设置 在屏幕中矩形右边缘的中点处，如图10-44所示。

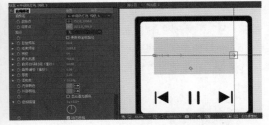

图10-43

图10-44

05 设置"音频层"为音乐文件，"厚度"为6，"柔

和度"为10%，"内部颜色"和"外部颜色"均为 紫色（R:139,G:118,B:182），如图10-45所示。

图10-45

06 选择添加有"音频频谱"效果的纯色图层和音频 图层，单击鼠标右键并选择"预合成"选项，将其合 并到一个合成中。选择"预合成1"图层，然后单击鼠 标右键并选择"时间>在最后一帧上冻结"选项，After Effects 2023会向其添加"时间重映射"属性。将最 后一个关键帧移动到第3秒处，并设置"时间重映 射"为0;00;02;29，如图10-46所示，这样"预合成 1"将在第3秒之后完全静止，即音乐在第3秒处停止。

图10-46

07 同时选择"暂停.png"和"播放.png"图层，按 S键调出"缩放"属性。将时间指示器移动到第3秒 处，并设置该属性值为（0,0）%，单击秒表按钮 激活两者的关键帧，使"暂停.png"图层的终点和 "播放.png"图层的起点在同一时刻，如图10-47所 示，保证暂停按钮即时转变为播放按钮。

图10-47

08 选择"暂停.png"图层，将时间指示器移动到 第2秒25帧处，并设置"缩放"为（100,100）%， 如图10-48所示；选择"播放.png"图层，将时 间指示器移动到第3秒5帧处，并设置"缩放"为 （100,100）%，如图10-49所示。同时选择这4个 关键帧，按F9键将其转变为缓动关键帧，完成暂 停按钮转变为播放按钮的动画制作。

图10-48

图10-49

09 单击"播放"按钮▶，观看制作好的音乐播放器动画。单击"停止"按钮■后，音乐和音乐频谱图案将同时暂停，并且暂停按钮会立即转变为播放按钮。该动画的静帧图如图10-50所示。

图10-50

10.3.2 "时间重映射"属性

在图层上单击鼠标右键，选择"时间>启用时间重映射"选项（快捷键为Ctrl + Alt + T），如图10-51所示，可激活图层的"时间重映射"属性。

图10-51

这时After Effects 2023会自动在图层持续时间条的始末位置添加关键帧。为了使时间重映射功能正常工作，时间轴内至少应该有两个关键帧，如图10-52所示。

图10-52

"时间重映射"属性值代表图层原本的时间，关键帧所处的位置则代表时间重映射后的时间。只剩一个关键帧时，等效于将图层在该时间点冻结。当删除所有的关键帧后，"时间重映射"属性不会像其他属性一样失去作用，而是被直接删除。通过重新排列"时间重映射"属性的关键帧，我们可以延长、压缩、回放或冻结图层持续时间条的某个部分，如将第2秒的关键帧移动到第1秒处，在"图表编辑器"中查看速度曲线和值曲线，效果如图10-53所示。

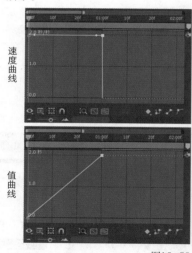

图10-53

可见重新排列关键帧后，图层的时间流逝速度会发生改变。观察速度曲线，可以看出图层在前1秒内以2秒/秒的速度播放，在后1秒内静止。同理，观察值曲线，可以看出在第1秒时，图层就已经播放了原本的2秒，并在1~2秒呈静止状态。

> **！技巧与提示**
>
> 速度曲线的单位为秒/秒，即在更改后的1秒内播放原本图层的多少秒。

10.3.3 帧冻结和冻结最后帧

在图层上单击鼠标右键，弹出的快捷菜单中有多个选项，如图10-54所示。"帧冻结"和"在最后一帧上冻结"选项也是时间重映射的一种应用，等同于在启用"时间重映射"功能后，After Effects 2023自动为图层添加一些关键帧。

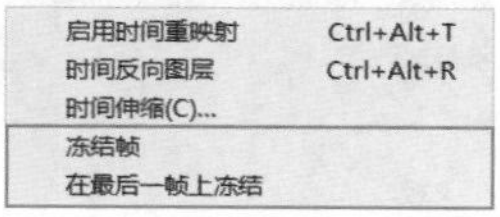

启用时间重映射 Ctrl+Alt+T
时间反向图层 Ctrl+Alt+R
时间伸缩(C)...
冻结帧
在最后一帧上冻结

图10-54

"帧冻结"实质上是启用"时间重映射"功能后在时间指示器所在的位置添加一个双向定格关键帧，关键帧的值就是时间指示器所在的位置，如图10-55所示。

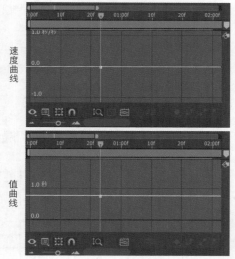

图10-55

结合速度曲线和值曲线，可以看出图层的时间流逝完全暂停，如图10-56所示，等同于用相同持续时间的当前帧图像替代了整个图层。

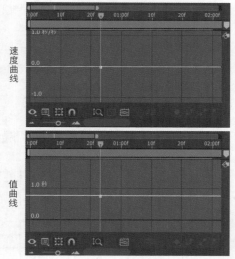

图10-56

"在最后一帧上冻结"则是在时间重映射的基础上将后一个关键帧转变为单向定格关键帧，同时延长了图层的持续时间，即正常播放后让图层停止于最后一帧，并额外保持一段时间，如图10-57所示。

图10-57

10.4 使动画与音频匹配

音频也是动画的重要组成元素，包括音效和背景音乐。对一些节奏明确的背景音乐来说，动画中的元素运动也应该与音乐节奏契合，否则会让观者产生强烈的割裂感。画面与音频匹配的过程大概可以分为3步，分别为显示音频波形图、明确动画中元素运动的节奏点及预览和校准（前两步的顺序可以根据需求调换）。本节将介绍如何更好地让元素的运动契合音效或背景音乐的节奏。

10.4.1 课堂训练：HUD风格文字动画

素材位置	无
实例位置	实例文件＞CH10＞课堂训练：HUD 风格文字动画
教学视频	课堂训练：HUD 风格文字动画 .mp4
学习目标	掌握使元素出场顺序与画面节奏匹配的技术

本例制作的动画的静帧图如图10-58所示。

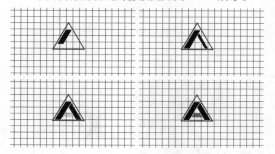

图10-58

01 创建一个合成，并将其命名为"HUD文字"。按快捷键Ctrl+Y创建一个纯色图层，并设置"颜色"为黑色，然后执行"效果>生成>网格"命令为其添加网格特效，如图10-59所示。

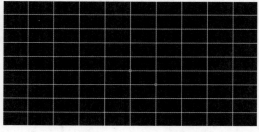

图10-59

02 调节"网格"效果属性。在"效果控件"面板中设置"大小依据"为"宽度滑块"，"宽度"为100，"边界"为4，"颜色"为黑色，如图10-60所示。

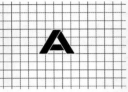

超过前两个矩形的*x*值范围即可），然后将该形状图层移动到前两个矩形图层之下，完成A形状的绘制，如图10-64所示。

图10-60

03 使用"矩形工具" ▬绘制一个矩形，并设置"填充颜色"为"黑色"，"描边宽度"为10像素，"描边颜色"为白色；然后选择"形状图层1"，取消"矩形路径1"中"大小"属性的比例约束，最后设置该属性值为（100,300），如图10-61所示。

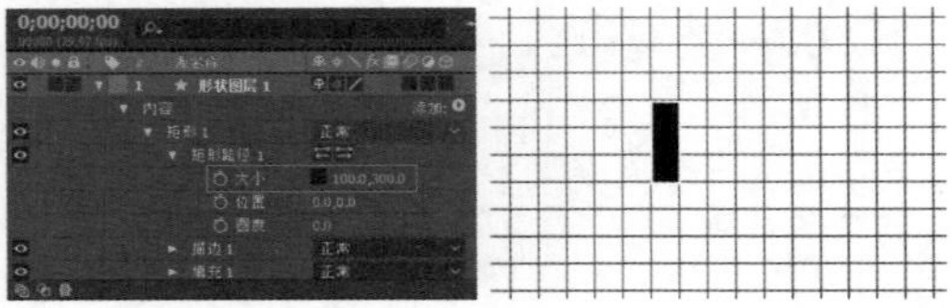

图10-64

07 使用"多边形工具" ◉并按住Shift键绘制一个略大于A形状的正三角形，同时设置"描边颜色"为黑色，且不使用填充，如图10-65所示。

图10-61

04 选择"形状图层1"，按快捷键Ctrl+D创建一个副本，然后设置"形状图层1"的"倾斜"为-30°，"形状图层2"的"倾斜"为30°，此时的形状为X形，如图10-62所示。

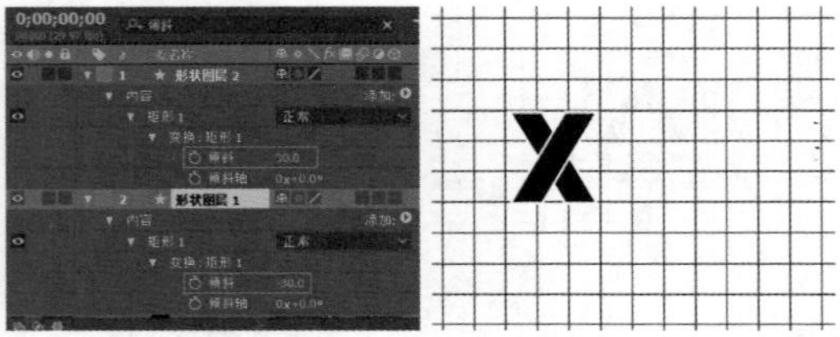

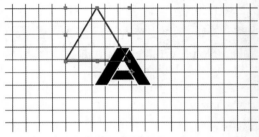

图10-65

> **⚠ 技巧与提示**
>
> 在绘制多边形时滚动鼠标滚轮，可快速将多边形的边数调整为3。

图10-62

05 按V键切换到"选取工具" ▶，按住Shift键并将"形状图层1"水平向右拖动，直至两个形状的顶部完全重合，此时的形状为倒V形，如图10-63所示。

08 按V键切换到"选取工具" ▶，将正三角形移动到完整地包围A形状的位置，并使各个边到A形状的垂直距离相等，如图10-66所示。

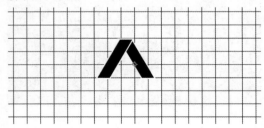

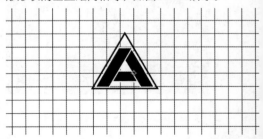

图10-66

图10-63

06 使用"矩形工具" ▬在倒V形形状的下方绘制一个新的矩形，并设置"大小"的*y*值为80（*x*值

09 多选"形状图层1"和"形状图层2"，然后执行"效果>过渡>线性擦除"命令，为这两个图层添加线性擦除特效。选择"形状图层2"，将时间指示器移动到第0秒处，在"效果控件"面板中设置"擦除角度"为（0x+0°），"过渡完成"为70%，也就

是使左侧的斜边刚好消失，同时激活"过渡完成"属性的关键帧，如图10-67所示；将时间指示器移动到第1秒10帧处，设置"过渡完成"为40%，也就是使左侧的斜边刚好完全显示，如图10-68所示。

图10-67

图10-68

⑩ 选择"形状图层1"，将时间指示器移动到第1秒处，设置"过渡完成"为52%，也就是使右侧斜边刚好消失，同时激活"过渡完成"属性的关键帧，如图10-69所示；将时间指示器移动到第2秒10帧处，设置"过渡完成"为47%，也就是使右侧的斜边刚好完全显现，如图10-70所示。

图10-69

图10-70

> **技巧与提示**
>
> 由于读者在绘制时无法保证图形与实例中绘制的图形完全相同，因此此处设置的参数仅供参考，读者应该以斜边是否刚好消失或完全显现为准来设置参数。

⑪ 选择"形状图层3"，执行"效果>过渡>百叶窗"命令，为其添加百叶窗特效，然后在"效果控件"面板中设置"方向"为（0x+30°），如图10-71所示。

图10-71

⑫ 选择"形状图层3"，将时间指示器移动到第2秒处，设置"过渡完成"为100%，也就是让横边刚好消失，并单击左侧的秒表按钮 ◎ 激活"过渡完成"属性的关键帧，如图10-72所示；将时间指示器移动到第3秒处，设置"过渡完成"为40%，也就是让横边刚好完全显示，如图10-73所示。此处可以转化为缓动关键帧，查看相关效果。

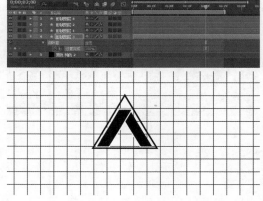

图10-72

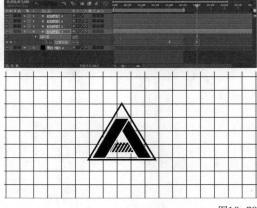

图10-73

⑬ 选中所有的关键帧，按F9键将其转换为缓动关键帧，如图10-74所示。

图10-74

⑭ 进入"图表编辑器"中的值图表界面，将第2条值曲线修改为缓速停止型曲线，如图10-75所示。

图10-75

⓯ 退出"图表编辑器",结合预览效果调整每组关键帧的位置,使3组运动的快速阶段和缓速阶段各自重合,如图10-76所示。

图10-76

⓰ 单击"播放"按钮▶,观看制作好的HUD风格文字动画,可以看到在网格背景上,A字的3条边依次出现,该动画的静帧图如图10-77所示。

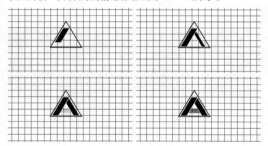

图10-77

10.4.2 波形图

声音实质上是一种波,通过声源来回振动使空气分子疏密相间地排列。但是这种描述无法让我们对声音有一个清晰的认识,于是便有了测量各个点气压随时间变化的方法,即使用波形图来表示,也就是以横轴为时间,以纵轴为压力的图像。气压距离标准值越远,说明振动越剧烈,响度越大,即声音的音量越大,如此便有了声音的波形图。

波形图又称振幅图,是一种用来表示音频的音量随时间变化的图表。波形图的横轴对应音频的时间,纵轴对应音频的音量。在After Effects 2023中,展开音频图层的"音频>波形"属性,即可看到音频的波形图。在图10-78中,可以看到该音频在第3秒和第3秒10帧时的音量最高。

图10-78

单击"选择图表类型和选项"按钮▣并选择"显示音频波形"命令,还可以在"图表编辑器"中将音频波形作为背景显示,如图10-79所示。

图10-79

同时选择"形状图层1"的"缩放"属性和音频图层,可以在"图表编辑器"中同时显示动画属性的速度曲线/值曲线和音频的波形图,如图10-80所示,便于我们调整动画和音频节奏的匹配关系。

图10-80

10.4.3 使动画与音效匹配

使动画与音效匹配,主要需要关注的是音频的开始时间和结束时间。一般来说,音效的波形图比音频简单,音效的波形图一般如图10-81所示。

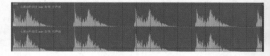

图10-81

音效的波形图一般有以下特点。

第1点:音效的持续时间较短。

第2点:波形图的波峰和波谷易于辨认。

第3点:对于重复多次的音效(见图10-81),音效间的音量基本为0。

另外,音效常常对应了一种明确的物理现象,如敲击铃铛发出的叮铃声。因此音效的开始时间和结束时间的意义也十分明确,如叮铃声开始代表铃铛受到敲击,而叮铃声结束意味着铃铛停止晃动。综上,对大部分音效来说,我们只需要注意动画的开始时间和结束时间与音效匹配即可。

10.4.4 使动画与背景音乐匹配

使动画与背景音乐匹配，主要需要关注动画和背景音乐的节奏，在此基础上可以适当地踩点。背景音乐的波形图更加复杂，一般如图10-82所示。

图10-82

背景音乐的波形图一般有以下特点。

第1点：声音的持续时间长。

第2点：波谷难以辨认，波峰处的音量和附近相差不大。

第3点：基本没有音量为0的时段。

与音效不同的是，音乐声没有特定的物理意义。因此，制作含有背景音乐的动画时并不需要像音效那样，需要让元素的运动完全与声波的波形契合。在选择背景音乐（先有背景音乐后有动画）或根据特定的背景音乐（先确定动画内容，再找风格适配的背景音乐）制作动画时，需要考虑两者的整体节奏，快节奏动画一般搭配轻快的背景音乐，慢节奏动画一般搭配舒缓的背景音乐。

另外，将画面与背景音乐相结合，可以起到提升观感的作用。例如，在MV中，歌词或图像会随着重音一起出现，这样就能给人留下很深的印象。使动画与背景音乐匹配就是要使背景音乐和动画的关键点出现在同一时刻。对背景音乐来说，关键点就是较为明显的波峰所在的一小段时间，即音量明显高于前后的时刻，我们可以在波形图中直观地看到它的位置，如图10-83所示。

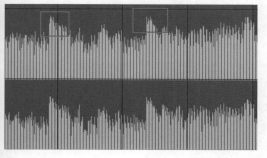

图10-83

对动画来说，关键点指的是元素的状态发生突变的一小段时间，即元素在速度上发生突变的时刻。具体来说，包括元素由静止转换为运动、元素由低速转换为高速、元素的速度方向改变等。在图10-84中，观察速度曲线，可以看出左侧方框中的速度迅速地由慢变快，右侧方框中的速度则迅速地由正值变为负值，两者都是动画的关键点；观察值曲线，在方框位置，元素的速度方向发生了突变（对应速度曲线中的速度由正值变为负值），也可以看出这里是动画的关键点。

图10-84

> **① 技巧与提示**
>
> 在图10-85中，右侧的方框展示的是缓速停止运动的末尾部分。大多数初学者会将元素的停止处与音的结束处相对应，这是错误的行为。经过缓速处理的动画，其结束部分的运动速度变化平缓，因此不会吸引观者的注意力。事实上，这段动画的关键点在左侧的方框处。

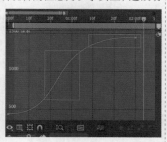

图10-85

10.5 课后习题

为了帮助读者巩固前面学习的知识，下面安排了两个课后习题供读者练习。

10.5.1 课后习题：房屋生成动画

素材位置	素材文件 >CH10>03
实例位置	实例文件 >CH10> 课后习题：房屋生成动画
教学视频	课后习题：房屋生成动画 .mp4
学习目标	掌握变速动画的制作方法

本习题制作的动画的静帧图如图10-86所示。读者需要在调节锚点的位置后制作"缩放"属性动画，将其调节成回弹停止运动状态。

图10-86

10.5.2 课后习题：拨号动画

素材位置	素材文件 >CH10>04
实例位置	实例文件 >CH10> 课后习题：拨号动画
教学视频	课后习题：拨号动画 .mp4
学习目标	掌握变速动画的制作方法

本习题制作的动画的静帧图如图10-87所示。读者需要制作"不透明度"属性动画，将其调节成缓速停止运动状态。

图10-87

第 11 章

插件特效综合实训

本章导读

　　本章主要以实例的形式来介绍各种常见插件特效的制作方法。因为插件本身的参数是比较单一的，所以只重点讲解如何操作，帮助读者更轻松地学会插件特效的制作方法。

学习目标

◆　掌握 Particular 插件的使用方法。
◆　掌握 Trapcode 插件的使用方法。
◆　掌握 Saber 插件的使用方法。
◆　掌握常见特效的制作方法。

11.1 音频波纹特效

本节主要介绍音频类特效的制作方法，请读者重点了解相关插件的参数设置方法、设置思路和设置逻辑。

11.1.1 Trapcode Form：音乐粒子

素材位置	无
实例位置	实例文件 > CH11 > Trapcode Form：音乐粒子
教学视频	Trapcode Form：音乐粒子 .mp4
学习目标	掌握分形的操作方法

效果如图11-1所示。

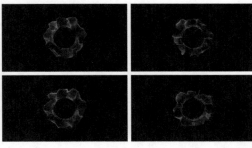

图11-1

1.新建合成

新建合成，选择音频素材并导入，关闭声音。按快捷键Ctrl+Y新建纯色图层，将其重命名为Form，添加RG Trapcode-Form（红巨人形态粒子插件Form）效果，设置Base Form（基本形态）为Sphere-Layered（球形层），Size X（x轴大小）为600，Size Y（y轴大小）为600，Size Z（z轴大小）为0，Particles in X（x轴粒子）为100，Particles in Y（y轴粒子）为100，Sphere Layers（球形层）为1，在Audio React（音频驱动设置）中设置Audio Layer（音频层）为2，如图11-2所示。

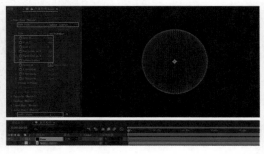

图11-2

2.设置粒子属性

在Particle（粒子）中设置Size（大小）为3，Opacity（不透明度）为50，然后根据需要修改Color（颜色），这里修改为蓝色，如图11-3所示。

图11-3

3.设置分形场

设置Fractal Field（分形场）的Affect Size（影响大小）为8，Flow Y（y轴流动）为-80，如图11-4所示。

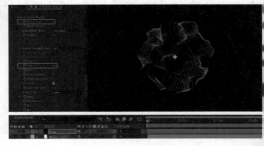

图11-4

4.设置球形场

设置Spherical Field（球形场）的Strength（强度）为100，Radius（半径）为200，设置Rendering（渲染）的Motion Blur（运动模糊）为On（开），如图11-5所示。

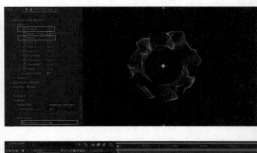

图11-5

5.添加"发光"和"四色渐变"效果

按快捷键Ctrl+Alt+Y新建调整图层,并为其添加"发光"效果,设置"发光阈值"为75%,"发光半径"为100;根据颜色需要添加"四色渐变"效果(可修改颜色),如图11-6所示。

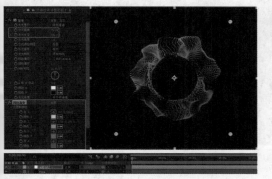

图11-6

11.1.2 Trapcode Particular: 音频可视化动效

素材位置	无
实例位置	实例文件 > CH11 > Trapcode Particular: 音频可视化动效
教学视频	Trapcode Particular: 音频可视化动效 .mp4
学习目标	掌握"三色调"效果的使用方法

动效的效果如图11-7所示。

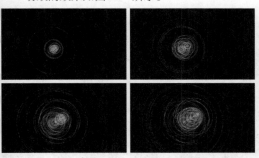

图11-7

1.新建合成

新建合成,选择音频素材并导入,关闭声音。选择音频素材并单击鼠标右键,选择"关键帧辅助 > 将音频转化为关键帧"选项;按快捷键Ctrl+Y新建纯色图层,将其重命名为"粒子",选择"粒子"图层并添加RG Trapcode-Particular(红巨人粒子插件Particular)效果;按快捷键Ctrl+Alt+Shift+Y创建空对象图层,按P键调出"位置"属性;在"粒子"图层中的Particular(发

射器)下按住Alt键单击Position(位置)属性左侧的秒表按钮,激活表达式,让Position(位置)属性关联"空1"图层的"位置"属性,如图11-8所示。

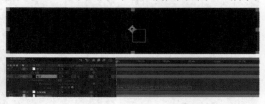

图11-8

2.创建摄像机图层和空对象图层

按快捷键Ctrl+Alt+Shift+C创建摄像机图层,按快捷键Ctrl+Alt+Shift+Y创建空对象图层,让摄像机图层关联"空2"图层,即两个空对象图层作为3D开关(按F4键切换)。选择两个空对象图层并按P键调出"位置"属性,设置"空2"图层的"位置"为(-420,0,0)。按住Alt键单击"空1"图层的"位置"属性左侧的秒表按钮,激活表达式,输入x = time * 100; ,按Enter键,输入y = 540; ,按Enter键,输入z = 0; ,按Enter键,输入 [x,y,z]; 。设置"粒子"图层的Emitter(发射器)的Velocity(速率)为0,如图11-9所示。

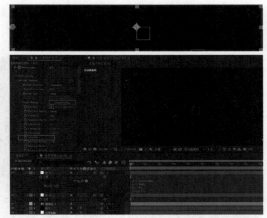

图11-9

3.表达式控制属性

01 按住Alt键单击Velocity(速率)属性左侧的秒表按钮,激活表达式。选择"音频振幅"图层,按U键调出打了关键帧的属性,让Velocity(速率)属性关联"音频振幅-两个通道-滑块",在表达式前面输入(,在后面输入 -20) * 10。设置Particles/sec(每秒粒子数)为1500,Direction(方向)为Disc(圆形),Direction Spread(方向扩散)为0%,

Y Rotation（y轴旋转）为（0x+90°），Velocity Random（速率随机值）为0%，Velocity Distribution（速率分布）为0，Velocity from Motion（继承运动速率）为0。具体参数设置如图11-10所示。

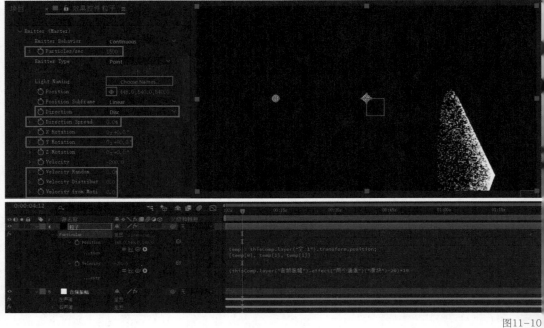

图11-10

02 设置Particle（粒子）的Life（生命）为10，Sphere Feather（球形羽化）为0，选择"粒子"图层并按E键调出表达式。在Velocity（速率）属性的表达式前面输入if(，在后面输入 >=0)，按Enter键后输入(thisComp.layer("音频振幅").effect("两个通道")("滑块")-20)*10;，按Enter键后输入 else，按Enter键后输入 [0];。具体参数设置如图11-11所示。

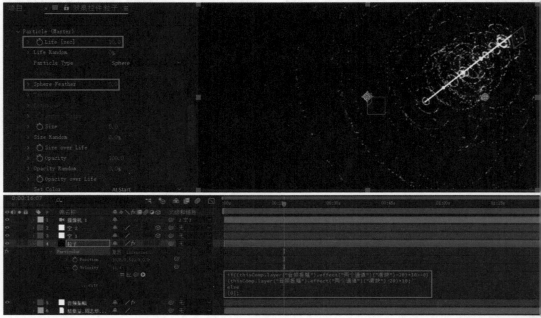

图11-11

03 设置Emitter（发射器）的Particles/sec（每秒粒子数）为15000。选择"空2"图层并按R键调出"旋转"属性，设置"X轴旋转"为（0x+53°），"Y轴旋转"为（0x−8°），"Z轴旋转"为（0x−18°），如图11-12所示。

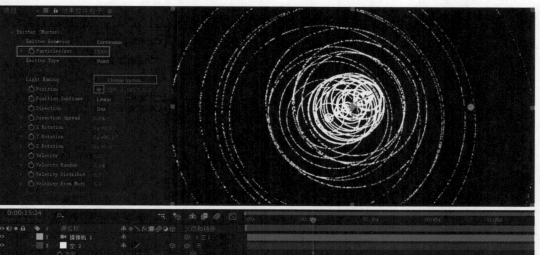

图11-12

04 设置Particle（粒子）中的Size（大小）为2.5，如图11-13所示。

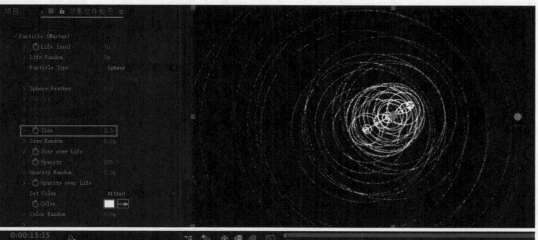

图11-13

4.添加"三色调"和"发光"效果

按快捷键Ctrl+Alt+Y新建调整图层,添加"三色调"效果,根据需要修改"高光""中间调""阴影"颜色;添加"发光"效果,设置"发光半径"为100,"发光强度"为0.8。具体参数设置如图11-14所示。

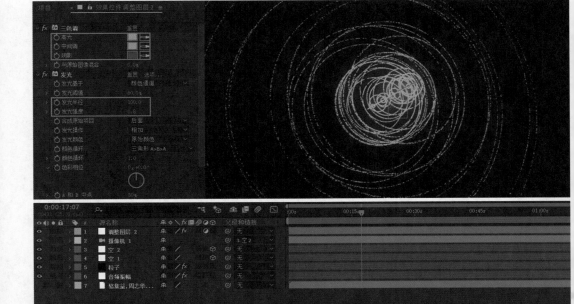

图11-14

11.2 ╲ 燃烧特效

燃烧均与火有关,这种特效的应用领域比较广泛,包含游戏、影视、动漫等。在渲染时,建议设置"通道"为RGB+Alpha,可以导出带透明通道的火球素材,便于后期合成。

11.2.1 Trapcode Form:超炫火焰

素材位置	无
实例位置	实例文件 > CH11 > Trapcode Form:超炫火焰
教学视频	Trapcode Form:超炫火焰.mp4
学习目标	掌握Form插件的使用方法

效果如图11-15所示。

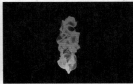

图11-15

1.新建合成

01 新建合成，将其命名为"火焰"，设置合成大小为1920px×1080px，设置持续时间为10秒，如图11-16所示。

图11-16

02 设置Fractal Field（分形场）的Affect Size（影响大小）为1，Affect Opacity（影响不透明度）为5，Displace（置换）为120，Flow Y（y轴流动）为–150，Flow Evolution（流动演化）为50，Gamma（伽马）为0.8，F Scale为13，Complexity（复杂度）为2，如图11-17所示。

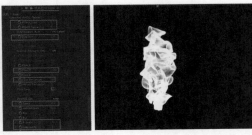

图11-17

2.添加Form插件

01 按快捷键Ctrl+Y新建纯色图层，将其重命名Form，为其添加RG Trapcode-Form（红巨人形态粒子插件Form）效果，设置Base Form（基本形态）为Sphere-Layered（球形层），Size X（x轴大小）为200，Size Y（y轴大小）为700，Size Z（z轴大小）为200，Particles in X（x轴粒子）为400，Particles in Y（y轴粒子）为800，Sphere Layers（球形层）为1，如图11-18所示。

图11-18

02 设置Particle（粒子）中的Size（大小）为3，Opacity（不透明度）为30，Set Color（设置颜色）为Over Y，调整Color Over（颜色覆盖），如图11-19所示。

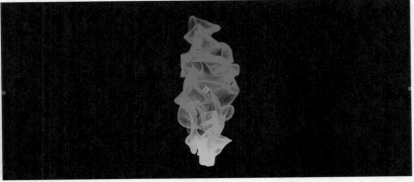

图11-19

11.2.2 Trapcode Shine: 核爆特效

素材位置	无
实例位置	实例文件 > CH11 > Trapcode Shine: 核爆特效
教学视频	Trapcode Shine: 核爆特效 .mp4
学习目标	掌握 Shine 插件的使用方法

效果如图11-20所示。

图11-20

1.新建合成

新建合成，将其命名为"核爆"，设置合成大小为1920px×1080px，设置持续时间为10秒，如图11-21所示。

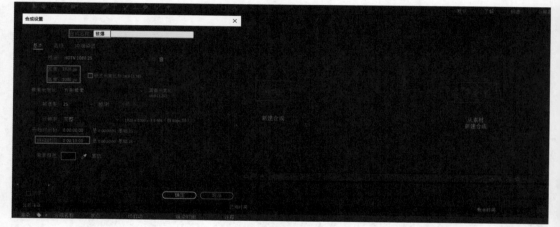

图11-21

2.制作核燃烧效果

按快捷键Ctrl+Y新建纯色图层，将其重命名为"核爆"。添加"分形杂色"效果，设置"分形类型"为"涡旋"，勾选"反转"复选框；添加"色光"效果，展开"输出循环"，设置"使用预设调板"为"火焰"，如图11-22所示。

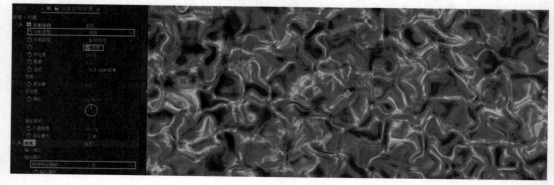

图11-22

3.使用Shine插件

添加RG Trapcode-Shine（红巨人光线插件Shine）效果，设置Boost Light（光线亮度）为8.6，如图11-23所示。

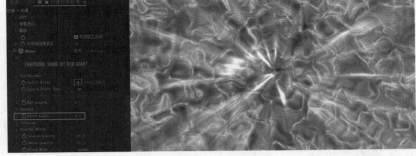

图11-23

4.添加"径向模糊"效果

添加"径向模糊"效果，设置"数量"为20，"类型"为"缩放"，如图11-24所示。

图11-24

5.演化表达式

按住Alt键单击"演化"属性左侧的秒表按钮，激活表达式，输入time*100，如图11-25所示。

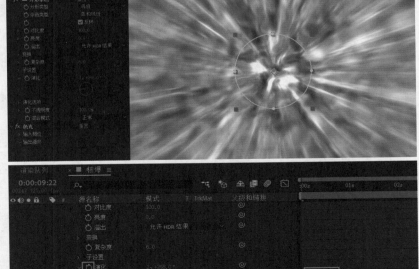

图11-25

6.蒙版动画

01 选择"核爆"图层，使用"椭圆工具" ▢ 在合成中心画圆，在第9秒24帧处设置"蒙版扩展"属性值，将蒙版放大至占满整个合成并设置关键帧，如图11-26所示。

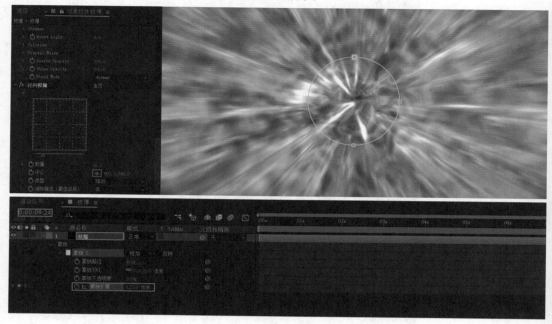

图11-26

02 在第0秒处设置"蒙版扩展"属性值，将蒙版缩小至看不见，如图11-27所示。

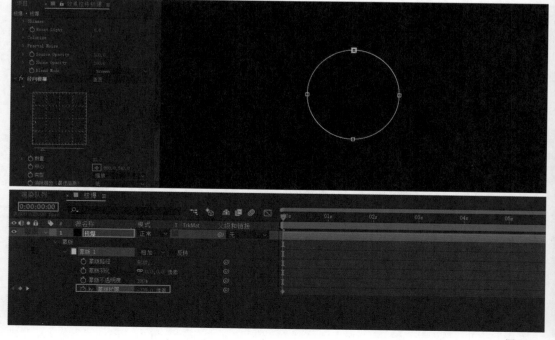

图11-27

11.3　天体特效

与天体相关的特效主要包含星轨、星云、极光、黑洞、太阳等，本节将介绍星轨和太阳特效的制作方法。天体特效常用于影视后期制作中，制作要点是设置亮度和饱和度。

11.3.1　Stardust：星轨

素材位置	无
实例位置	实例文件 > CH11 > Stardust：星轨
教学视频	Stardust：星轨 .mp4
学习目标	掌握 Motion（运动）节点的使用方法

效果如图11-28所示。

图11-28

1.新建合成

新建合成，将其命名为"星轨"，设置合成大小为1920px×1080px，设置持续时间为10秒，如图11-29所示。

2.添加Stardust（星尘）粒子效果

01 按快捷键Ctrl+Y新建纯色图层，将其重命名为Stardust，添加Superiuminal-Stardust（星尘粒子插件）效果，设置Type（类型）为Box（盒子），Emitting（发出）为Once（一次），Particles Per Second（每秒粒子数）为10000，Speed（速度）为0，Size X（x轴大小）为800，Size Y（y轴大小）为800，Size Z（z轴大小）为0，如图11-30所示。

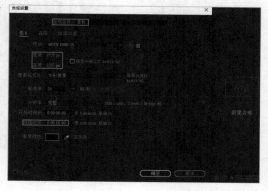

图11-29

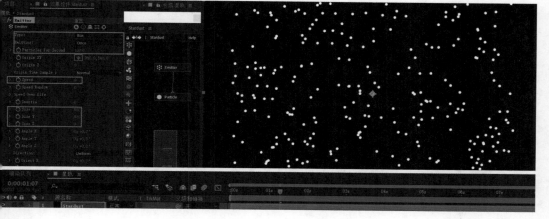

图11-30

02 设置Particle（粒子）的Life（生命）为10，Particle Properties（粒子性质）的Size（大小）为1，如图11-31所示。

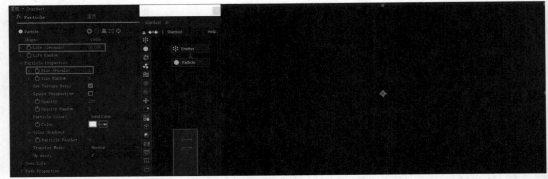

图11-31

3.添加Motion（运动）节点

添加Motion（运动）节点并连接Particle（粒子）节点，设置Motion Type（运动类型）为Circle（圆），Speed（速度）为5，如图11-32所示。

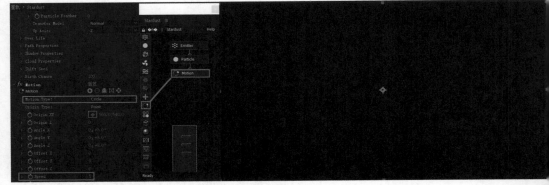

图11-32

4.添加辅助粒子

01 添加Auxiliary（辅助的）节点并连接Motion（运动）节点，设置Particles Per Second（每秒粒子数）为25，Speed（速度）为0；添加Particle（粒子）节点并连接Auxiliary（辅助的）节点，如图11-33所示。

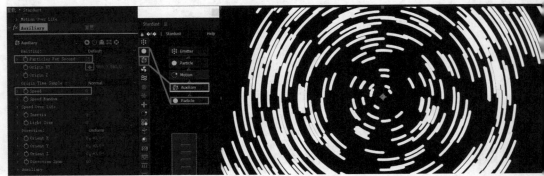

图11-33

02 选择Auxiliary（辅助的）节点连接的Particle（粒子）节点，设置Life（生命）为5，Particle Properties（粒子性质）的Size（大小）为1，如图11-34所示。

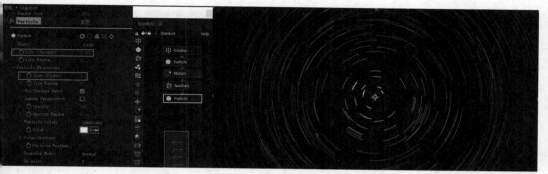

图11-34

5.调节粒子大小

将Over Life（生命周期）的Size（大小）的曲线调整为图11-35所示的状态。

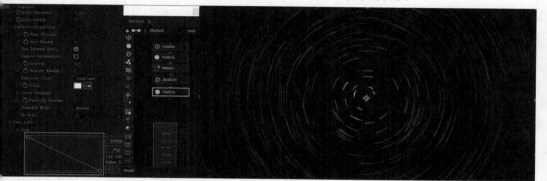

图11-35

6.修改颜色

设置Particle（粒子）的Particle Color（粒子颜色）为Random From Gradient（从梯度随机），设置Color Gradient（颜色梯度）为Presets（预设）并修改颜色，继续设置Transfer Mode（叠加模式）为Add（相加），如图11-36所示。

图11-36

7.添加"发光"效果

添加"发光"效果，设置"发光阈值"为75%，"发光半径"为60，如图11-37所示。

图11-37

11.3.2 VC Color Vibrance: 太阳

素材位置	素材文件 >CH11>01
实例位置	实例文件 > CH11> VC Color Vibrance: 太阳
教学视频	VC Color Vibrance: 太阳 .mp4
学习目标	掌握整体提亮的方法

效果如图11-38所示。

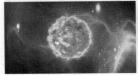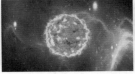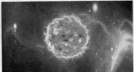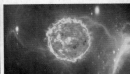

图11-38

1.新建合成

新建合成，将其命名为"太阳"，设置合成大小为1920px×1080px，设置持续时间为10秒，如图11-39所示。

图11-39

2.添加"分形杂色"效果

按快捷键Ctrl+Y新建纯色图层，将其重命名为"分形"。添加"分形杂色"效果，设置"分形类型"为"动态"，"对比度"为120，"亮度"为–20。按住Alt键单击"演化"属性左侧的秒表按钮，激活表达式，输入time*200，如图11-40所示。

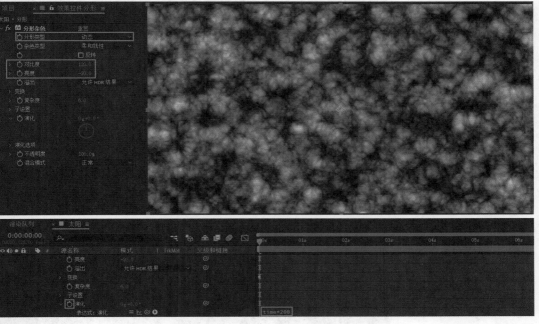

图11-40

3.添加CC Sphere（CC球体）效果

添加CC Sphere（CC球体）效果，设置Radius（半径）为300，Shading（阴影）的Ambient（环境光）为100，Diffuse（漫反射）为50；添加VC Color Vibrance（VC颜色抖动）效果，设置Color（颜色）为橙色，如图11-41所示。

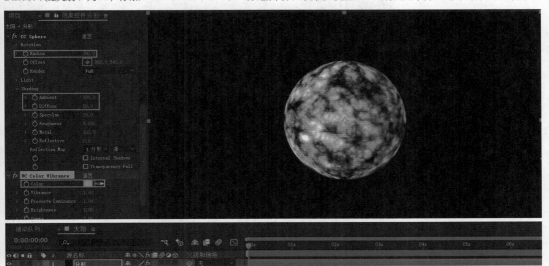

图11-41

4.添加"湍流置换"效果

添加"湍流置换"效果，设置"置换"为"凸出"，"大小"为10。按住Alt键单击"演化"属性左侧的秒表按钮，激活表达式，输入time＊200，如图11-42所示。

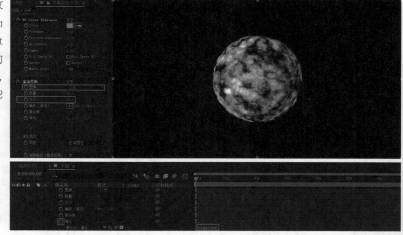

图11-42

5.添加Saber插件

01 按快捷键Ctrl+Y新建纯色图层，将其重命名为Saber，使用"椭圆工具"在合成中心绘制圆形。添加Saber效果，设置"预设"为"星云"，"辉光颜色"为橙色，"自定义主体"的"主体类型"为"遮罩图层"，设置Saber图层的混合模式为"相加"，如图11-43所示。

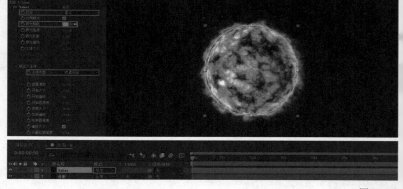

图11-43

02 在Saber效果中设置"渲染设置"的"合成设置"为"透明"，如图11-44所示。

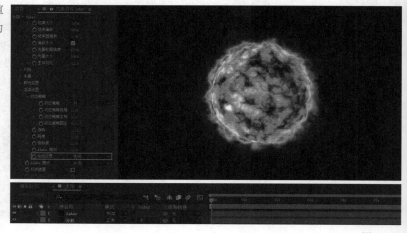

图11-44

6.整体提亮

按快捷键Ctrl+Alt+Y新建调整图层。添加"发光"效果，设置"发光半径"为600；添加CC Glass效果；添加"曝光度"效果，设置"曝光度"为1，如图11-45所示。

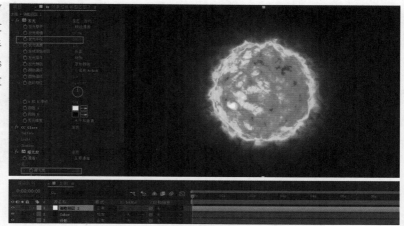

图11-45

7.分形杂色横向流动

01 在第0秒处为"分形杂色"中"变换"下的"偏移（湍流）"属性设置关键帧，如图11-46所示。

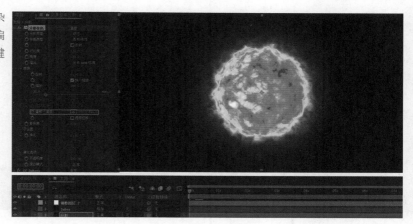

图11-46

02 在结束帧第9秒24帧处设置"偏移（湍流）"的x轴数值为1300，如图11-47所示。

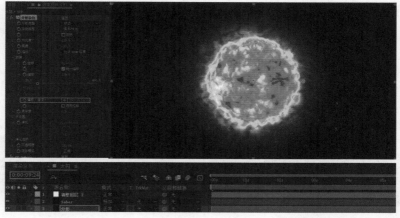

图11-47

8.添加星云背景

按快捷键Ctrl+A全选图层，按快捷键Ctrl+Shift+C进行预合成，将所有图层移动到新合成中，将新合成重命名为"太阳"。按快捷键Ctrl+I导入学习资源"素材文件＞CH11＞01"中的图片素材，然后将其拖曳到"时间线"面板中并放在底层。如图11-48所示。单击鼠标右键，选择"变换"选项。

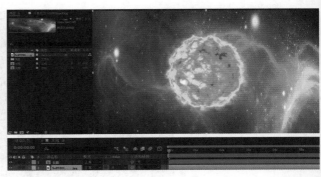

图11-48

11.4 课后习题

为了帮助读者巩固前面学习的知识，下面安排了两个课后习题供读者练习。

11.4.1 课后习题：合成燃烧文字

素材位置	素材文件＞CH11＞02
实例位置	实例文件＞CH11＞课后习题：合成燃烧文字
教学视频	课后习题：合成燃烧文字.mp4
学习目标	掌握反转遮罩功能的使用方法

本习题是制作文字的燃烧效果，主要会用到After Effects 2023的反转遮罩功能，另外，对于燃烧的粒子效果，建议读者使用Particular插件来进行制作，主要涉及发光、湍流和置换等参数的设置。本习题的效果如图11-49所示。

图11-49

11.4.2 课后习题：旋转星云

素材位置	无
实例位置	实例文件＞CH11＞课后习题：旋转星云
教学视频	课后习题：旋转星云.mp4
学习目标	掌握粒子渐变色的使用方法

本习题的制作基础是设置粒子的大小和不透明度生命周期，主要会用到的效果工具有Particular和CC Flo Motion。另外，注意需要使用模糊效果制作运动的拖尾效果。本习题的效果如图11-50所示。

图11-50

第 12 章

商业动画综合实训

本章导读

　　本章将通过4个精选的综合实例，全面梳理用After Effects 2023制作完整的商业动画项目的过程，包含目前应用较为广泛的4种风格的动画的制作。本章内容较综合，读者需要穿插应用之前学习的知识。

学习目标

◆ 掌握液态风格动画的制作方法。
◆ 掌握 HUD 风格动画的制作方法。
◆ 掌握综艺风格动画的制作方法。
◆ 掌握扁平风格动画的制作方法。

12.1 液态Logo片头

素材位置	素材文件 >CH12>01
实例位置	实例文件 >CH12> 液态 Logo 片头
视频名称	液态 Logo 片头 .mp4
学习目标	掌握液态风格动画的制作方法、形状的结合方法

本例制作的动画的静帧图如图12-1所示。

图12-1

12.1.1 液体迸发阶段

01 打开本书学习资源中的"素材文件>CH12>01>3D"文件夹，选择文件夹中的所有图片，并勾选"PNG序列"复选框，单击"导入"按钮 导入 ，如图12-2所示。

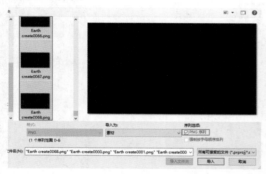

图12-2

02 在"项目"面板中选择导入的图片序列，并将其重命名为ball，如图12-3所示。

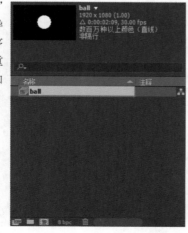

图12-3

03 创建一个合成，并将其命名为"液态Logo"然后将步骤01导入的素材添加到该合成中；接着单击"合成"面板中的"切换透明网格"按钮，使合成中的透明部分以网格的形式显示，如图12-4所示。

图12-4

04 选择ball图层，执行"效果>颜色校正>色调"命令为图层中的形状添加颜色，设置"将黑色映射到"为红色（R:183,G:17,B:0），"将白色映射到"为橙色（R:255,G:126,B:0），如图12-5所示。

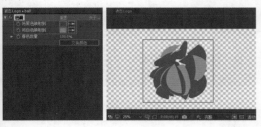

图12-5

1.制作第1个液体

01 为了方便进行后续的工作，单击ball图层左侧的显示图标 ，使ball图层暂时不显示，如图12-6所示。

图12-6

02 按快捷键Ctrl+Y新建一个纯色图层，并设置"颜色"为红色（R:171,G:0,B:0）；然后使用"钢笔工具" 绘制一个水滴状遮罩，单击"蒙版路径"属性左侧的秒表按钮 激活其关键帧，如图12-7所示。

图12-7

03 将时间指示器向右移动1帧，并双击蒙版路径上的任意一个关键点，调节蒙版路径的形状，将液体放大一些并旋转一定角度，如图12-8所示。

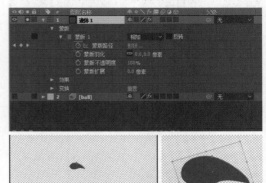

图12-8

04 重复步骤03的操作3~5次，使液体在一段时间内有4~6个从小变大的连续形状，如图12-9所示。

图12-9

05 修剪图层持续时间条，使其刚好盖住所有的关键帧。将时间指示器移动到第1个关键帧处，按快捷键Alt+[删除左侧的图层持续时间条；将时间指示器移动到最后一个关键帧处，按快捷键Alt+]删除右侧的图层持续时间条，如图12-10所示。

图12-10

2.制作第2个液体

01 按快捷键Ctrl+D创建一个副本，然后按快捷键Ctrl+Shift+Y填充颜色，并设置"颜色"为蓝色（R:54,G:202,B:251），最后将其重命名为"液体2"，如图12-11所示。

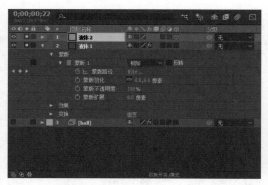

图12-11

02 选择"液体2"图层,按U键展开所有激活关键帧的属性,将时间指示器移动到倒数第2个关键帧处,调节蒙版路径上的关键点,使液体变得较为扁长,如图12-12所示。

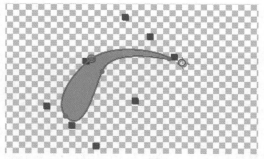

图12-12

03 将时间指示器移动到最后一个关键帧处,调节蒙版路径上的关键点,使液体变得更细长,如图12-13所示。

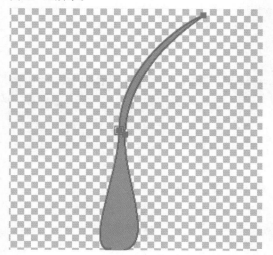

图12-13

3.制作第3个液体

01 按快捷键Ctrl+D创建一个副本,然后按快捷键Ctrl+Shift+Y填充颜色,并设置"颜色"为橙色(R:255,G:120,B:0),最后将其重命名为"液体3",如图12-14所示。

图12-14

02 将时间指示器移动到第4个关键帧处,调节蒙版路径上的关键点,使液体变得较为宽大,如图12-15所示。

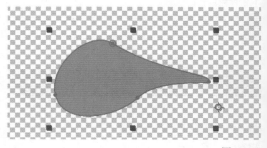

图12-15

03 将时间指示器移动到第5个关键帧处,调节蒙版路径上的关键点,使液体变得更大,并将其移到画面的左半部分,如图12-16所示。

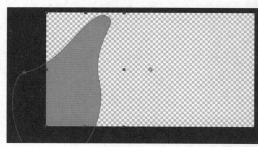

图12-16

04 将时间指示器向右移动1帧,然后调节蒙版路径上的关键点,使液几乎占满画面的左半部分;接着调节图层持续时间条,使图层持续时间条刚好盖住所有的关键帧,如图12-17所示。

图12-17

05 拖曳3个液体的图层持续时间条，使3个液体先后出现，如图12-18所示。

图12-18

4.制作第4个液体

01 新建一个纯色图层，并设置"颜色"为红色（R:171,G:0,B:0），然后使用"钢笔工具" ✐ 绘制一个飞溅状蒙版路径，并单击"蒙版路径"属性左侧的秒表按钮 ⏱ 激活其关键帧，最后将图层重命名为"液体4"，如图12-19所示。

图12-19

02 将时间指示器向右移动8帧，双击蒙版路径上的任意一个关键点，然后调节蒙版路径的形状，并使飞溅状的液体向右下方移动且略微变大，如图12-20所示。

图12-20

03 修剪图层持续时间条，制作出液体消散的效果。将时间指示器移动到"液体4"图层的出点前3帧处，然后激活"蒙版扩展"属性的关键帧；将时间指示器移动到"液体4"图层的出点处，并设置"蒙版扩展"为 -15像素，如图12-21所示。

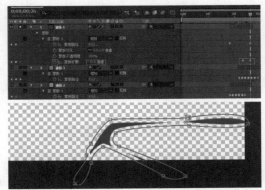

图12-21

04 液体迸发阶段的动画效果如图12-22所示。

图12-22

12.1.2 液体汇聚阶段

液体汇聚阶段主要分成两个状态，分别是液体汇聚时和碰撞后发生迸溅，这两种状态下的效果有明显的不同，绘制形状时要进行区分。

1.液体汇聚时

01 新建一个纯色图层，并设置"颜色"为橙色（R:255,G:120,B:0），将其重命名为"液体5"。使用"钢笔工具" 绘制一个飞溅状蒙版路径，并单击"蒙版路径"属性左侧的秒表按钮 激活其关键帧，如图12-23所示。

图12-23

02 将时间指示器向右拖曳2~3帧，然后调节蒙版路径的形状。重复该操作若干次，使液体呈现出快速汇聚的状态，如图12-24所示。

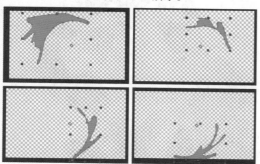

图12-24

03 修剪图层持续时间条，制作出液体消散的效果。将时间指示器移动到出点前8帧处，然后激活"蒙版扩展"属性的关键帧；将时间指示器移动到出点处，并设置"蒙版扩展"为 −10像素，如图12-25所示。

图12-25

04 液体汇聚时的动画效果如图12-26所示。

图12-26

2.碰撞后发生迸溅

01 新建一个纯色图层，并设置"颜色"为橙色（R:255,G:120,B:0），将其重命名为"液体6"。使用"钢笔工具" ✎ 绘制一个飞溅状的蒙版路径，并单击"蒙版路径"属性左侧的秒表按钮 ⊙ 激活其关键帧，如图12-27所示。

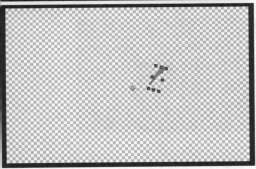

图12-27

02 将时间指示器向右拖曳2~3帧，然后调节蒙版路径的形状。重复该操作若干次，使液体呈现出快速飞溅时的水滴状，如图12-28所示。

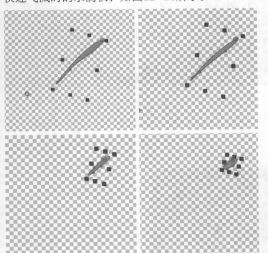

图12-28

03 碰撞后发生迸溅的动画效果如图12-29所示。

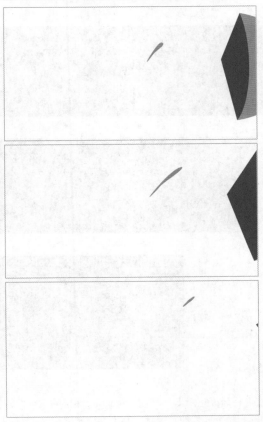

图12-29

12.1.3 Logo出现阶段

先制作Logo的出现动画，再整体调整Logo出现的时机。另外，我们要在确定液体从迸发到汇聚的时间顺序后，再丰富画面的动态。

1.Logo出现动画

01 导入本书学习资源中的"素材文件>CH12>01>logo1.png"文件，并将其添加到合成中，同时激活logo1.png图层的3D属性，如图12-30所示。

图12-30

02 选择logo1.png图层，然后调出"缩放"属性，接着在图层出现时、出现后12帧处和出现后36帧处分别设置"缩放"为（7,7,7）%、（137,137,137）%和（40,40,40）%，如图12-31~图12-33所示。

图12-31

图12-32

图12-33

03 将时间指示器移动到logo1.png图层的入点处，按R键调出"方向"属性和3个旋转属性，然后激活"Y轴旋转"属性的关键帧，并设置该属性值为（0x+330°），如图12-34所示。

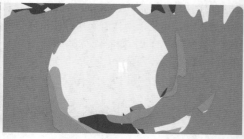

图12-34

04 将时间指示器向右拖曳25帧，并设置"Y轴旋转"为（0x-36.9°），如图12-35所示；将时间指示器向右拖曳6帧，并设置"Y轴旋转"为（0x+22.9°），如图12-36所示；将时间指示器向右拖曳25帧，并设置"Y轴旋转"为（0x-11°），如图12-37所示。

图12-35

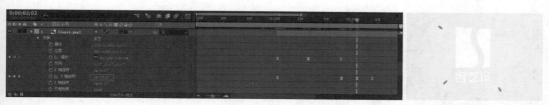

图12-36

图12-37

05 选择logo1.png图层，按U键展开激活了关键帧的属性，然后框选所有的关键帧，按F9键将其转换为缓动关键帧，如图12-38所示。

图12-38

2.确定Logo出现的时机

01 将logo1.png图层放置在"液体5"图层的下面，然后为之前制作的6种液体元素创建副本，并修改这些图层的颜色、位置、大小、角度及出现时间等，以此丰富画面；最后调节各个图层的出现时间，如图12-39所示。使Logo在液体即将汇聚之时出现，然后发生翻转并缩放，如图12-40所示。

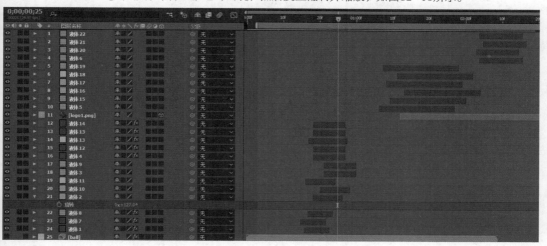

图12-39

图12-40

⚠ **技巧与提示**

　　为了让画面更加统一，建议在修改副本的颜色时使用之前出现过的颜色；在修改副本的角度和大小时，应根据原本的角度进行微调；在修改副本的出现时间时，应与原来的图层编组，按照已有的分段来设置时间。

---

⑫ 为合成添加背景。新建一个纯色图层，并设置"名称"为BG，"颜色"为淡橙色（R:255,G:244,B:229），将其放置在底层，如图12-41所示。

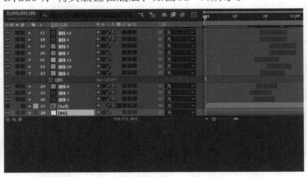

图12-41

⑬ 单击"播放"按钮▶，观看制作好的液态Logo片头，该动画的静帧图如图12-42所示。

图12-42

12.2　未来科技动画

素材位置	素材文件 >CH12>02
实例位置	实例文件 >CH12> 未来科技动画
视频名称	未来科技动画 .mp4
学习目标	掌握 HUD 风格动画的制作方法、视频与形状的结合方法

　　本例制作的动画的静帧图如图12-43所示。

图12-43

12.2.1 引导视线

通过瞄准星引导观者的视线，使观者的关注点始终围绕瞄准星。这就需要叠加多个背景，体现出画面的层次，突出瞄准星的作用。

1.瞄准星动态

01 创建一个新合成，并将其命名为"未来科技HUD"。使用"矩形工具"■绘制一个矩形，并设置"描边颜色"为蓝色（R:27,G:182,B:210），"描边宽度"为2像素，同时不使用任何填充。按快捷键Ctrl + Alt + Home将锚点移动到矩形的中心，并单击"对齐"面板中的"水平居中对齐"按钮■与"垂直居中分布"按钮■，将矩形移动到画面的中心，如图12-44所示。

图12-44

02 选择"形状图层1"，取消"矩形路径1"中"大小"属性的比例约束，并设置该属性值为（2,30），然后单击"内容"右侧的"添加"按钮▶并选择"中继器"命令，如图12-45所示。

图12-45

03 添加了"中继器"效果后，设置"副本"为2，"位置"为（0,0），"旋转"为（0x+90°），制作出十字瞄准星形状，如图12-46所示。

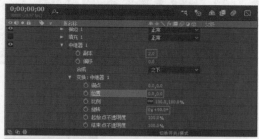

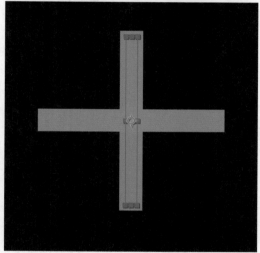

图12-46

04 将时间指示器移动到第20帧处，单击"变换：矩形1"中的"比例"和"不透明度"激活关键帧；然后将时间指示器移动到第0秒处，分别设置"比例"和"不透明度"为（2000,2000）%和0%。选中所有关键帧后按F9键将其转换为缓动关键帧，如图12-47所示。

图12-47

05 瞄准星的动态效果如图12-48所示。

图12-48

2.点网背景

01 使用"椭圆工具" ⬮并按住Shift键绘制一个圆形，同时设置"填充颜色"为白色，"描边宽度"为0像素，然后按快捷键Ctrl+Alt+Home将锚点移动到圆形的中心，如图12-49所示。

图12-49

02 设置"椭圆路径1"中的"大小"为（2,2），这时形状发生了变化，如图12-50所示。

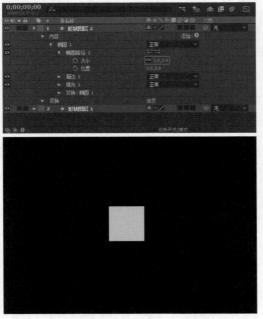

图12-50

03 选择"形状图层2"，单击"内容"右侧的"添加"按钮 ⬢，为"椭圆1"添加"中继器"效果（添加两次）。调整"中继器1"的属性，设置"副本"为50，"位置"为（50,0）；调整"中继器2"的属性，设置"副本"为50，"位置"为（0,50），如图12-51所示。

图12-51

04 选择"形状图层2"，设置"变换：椭圆1"中的"位置"为（0,0），然后按P键调出"位置"属性，使点网的位置与瞄准星的位置相匹配，这里的属性值为（10,-11），并让点网铺满画面，如图12-52和图12-53所示。

图12-53

图12-53

05 按T键调出"不透明度"属性，并设置该属性值为40%，如图12-54所示，使点网的颜色暗下去。

图12-54

3.瞄准星背景

01 新建一个形状图层，然后复制"形状图层1"中的"矩形1"，接着在新建的"形状图层3"中粘贴，如图12-55所示。

图12-55

02 选择"形状图层3"，按U键调出激活了关键帧的属性。将时间指示器移动到后面一个关键帧处，单击"比例"和"不透明度"属性的秒表按钮 取消激活关键帧，如图12-56所示。

图12-56

03 将"形状图层3"的"描边颜色"修改为白色，然后添加两个"中继器"效果。调整"中继器1"的属性，设置"副本"为5，"偏移"为-2，"位置"为（400，0）；调整"中继器2"的属性，设置"副本"为5，"偏移"为-1，"位置"为（0，400），如图12-57所示。

图12-57

04 将时间指示器移动到第20帧处，然后按T键调出"不透明度"属性，并设置该属性值为50%，激活其关键帧，如图12-58所示；将时间指示器移动到第10帧处，并设置该属性值为0%，如图12-59所示。

图12-58

图12-59

05 将"形状图层3"移动到"形状图层1"的下面，效果如图12-60所示。

图12-60

193

06 瞄准星动画的静帧图如图12-61所示。

图12-61

12.2.2 信息读取

01 使用"椭圆工具" 并按住Shift键绘制一个圆形，并设置"描边颜色"为淡蓝色（R：27，G：182，B：210），"描边宽度"为10像素，并按快捷键Ctrl＋Alt＋Home将锚点移动到圆形的中心，如图12-62所示。

图12-62

02 选择"形状图层4"，单击"内容"右侧的"添加"按钮 为"椭圆1"添加"修剪路径"效果。将时间指示器移动到第26帧处，激活"开始"属性的关键帧，如图12-63所示；将时间指示器移动到第20帧处，设置"开始"为100%。最后框选两个关键帧，按F9键将其转换为缓动关键帧，如图12-64所示。

图12-63

图12-64

03 选择"椭圆1"，按快捷键Ctrl＋D创建一个副本。调节"椭圆2"的"大小"属性，使其比"椭圆1"略微大一圈，并设置"描边宽度"为5像素，如图12-65所示。

图12-65

04 选择"椭圆2"，按快捷键Ctrl＋D创建一个副本。调节"椭圆3"的"大小"属性，使其比"椭圆1"略微小一圈，并设置"描边宽度"为3像素，如图12-66所示。

图12-66

05 选择"椭圆2"，按快捷键Ctrl＋D创建一个副本。调节"椭圆4"的"描边宽度"为15像素，然后设置"开始"属性的第2个关键帧的值为80%，如图12-67所示。

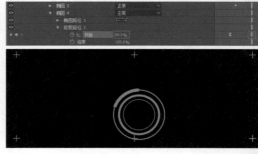

图12-67

06 选择"椭圆3",按快捷键Ctrl+D创建一个副本。调节"椭圆5"的"描边宽度"为11像素,然后设置"开始"属性的第2个关键帧的值为85%,如图12-68所示。

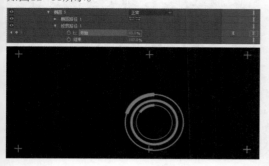

图12-68

07 选择"形状图层4",按U键展开所有激活了关键帧的属性,然后打乱5个元素的关键帧位置,如图12-69所示。

图12-69

08 在"时间轴"面板的图层查找栏中输入"偏移",显示所有椭圆的"偏移"属性,然后为"椭圆1""椭圆2""椭圆3"设置不同的偏移值,以增加动画的随机性。为"椭圆4"和"椭圆5"的"偏移"属性激活表达式,并分别输入time*−150和wiggle(2,200),使其一直处于运动状态,如图12-70所示。

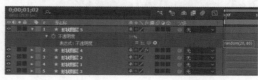

图12-70

09 在"时间轴"面板的图层查找栏中输入"不透明度",显示所有椭圆的"不透明度"属性,设置"椭圆2"和"椭圆3"的"不透明度"分别为20%和50%,如图12-71所示。

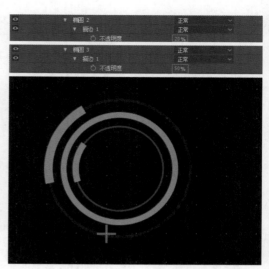

图12-71

10 使用"多边形工具"■并按住Shift键绘制一个正三角形,并设置"填充颜色"为淡蓝色(R:27,G:182,B:210),"描边宽度"为0像素,如图12-72所示。

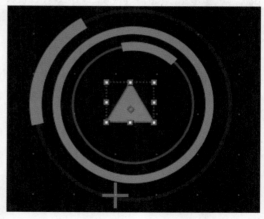

图12-72

11 选择"形状图层5",将时间指示器移动到第1秒2帧处,按快捷键Alt+[修剪图层持续时间条。按T键调出"不透明度"属性,然后按住Alt键并单击左侧的秒表按钮■,在表达式文本框中输入random(20,80),如图12-73所示。

图12-73

⑫ 使用"钢笔工具"✐绘制一条折线，不使用填充，同时设置"描边宽度"为1.5像素，如图12-74所示。

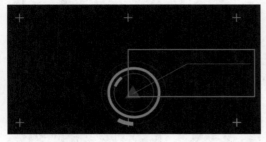

图12-74

⑬ 选择"形状图层6"，单击"内容"右侧的"添加"按钮▶为其添加"修剪路径"效果。将时间指示器移动到第27帧处，设置"开始"为32%，"结束"为100%，并单击秒表按钮⏱激活其关键帧，如图12-75所示。

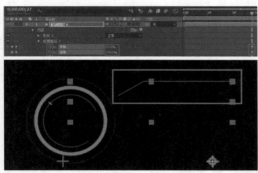

图12-75

⑭ 将时间指示器移动到第1秒8帧处，单击"开始"和"结束"两个属性的"在当前时间添加或移除关键帧"按钮◆添加关键帧。将时间指示器移回第27帧处，并将"结束"属性值修改到与"开始"属性值相同，最后按F9键将所有关键帧转换为缓动关键帧，如图12-76所示。

图12-76

⑮ 使用"横排文字工具"▤在折线的上方创建点文本，可以输入任意文字，这里输入"科技感动画"，如图12-77所示。

图12-77

⑯ 选择文字图层，单击"文本"右侧的"动画"按钮▶为其添加"不透明度"效果。调节"动画制作工具1"的属性，设置"随机排序"为"开"，"不透明度"为0%，然后激活"起始"属性的表达式，并在表达式文本框中输入7+time*50，如图12-78所示。

图12-78

> **技巧与提示**
>
> 读者可根据操作习惯对文本图层进行重命名。后续以具体选择的图层为准进行案例制作。

⑰ 多选"形状图层1""形状图层4""形状图层5""形状图层6"和文字图层，然后执行"效果>风格化>发光"命令为其添加发光效果，并使用默认参数，如图12-79所示。

图12-79

18 新建一个文字图层，设置"填充颜色"为灰色（R:128,G:128,B:128），然后激活"源文本"属性的表达式，在表达式文本框中输入Math.round(random()*500000)/100，让文本在动画中随机显示，最后将图层持续时间条的入点移动到第1秒10帧处，如图12-80所示。

图12-80

19 多选"形状图层4""形状图层5""形状图层6"和两个文字图层，按快捷键Ctrl + D创建这些图层的副本，并将这些副本移动到画面的右下角，略微调整元素的位置和关键帧属性的参数，如修改形状图层的"旋转"属性值等，使两部分元素的细节有所不同，如图12-81所示。

图12-81

20 选择your text 2文字图层，调节"动画制作工具1"中的属性，激活"起始"属性的表达式，在表达式文本框中输入 –140+time*100，使文字出现的时间与其他元素出现的时间大致相符，如图12-82所示。

图12-82

21 动画的静帧图如图12-83所示。

图12-83

12.2.3 视频合成

01 导入本书学习资源中的"素材文件>CH12>未来科技动画>背景视频.mp4"文件，将其拖入合成中作为视频素材，并放置在底层作为背景，如图12-84所示。

图12-84

02 选择"背景视频.mp4"图层，按T键调出"不透明度"属性，并设置该属性值为60%。执行"效果>模糊和锐化>高斯模糊"命令添加效果，并设置"模糊度"为30，勾选"重复边缘像素"复选框，如图12-85所示。

图12-85

03 对各个图层的出现时间和关键帧的时间进行最后调整，如图12-86所示。

图12-86

04 单击"播放"按钮▶，观看制作好的未来科技动画，该动画的静帧图如图12-87所示。

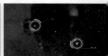

图12-87

12.3 综艺节目动画

素材位置	素材文件 >CH12>03
实例位置	实例文件 >CH12> 综艺节目动画
视频名称	综艺节目动画 .mp4
学习目标	掌握综艺风格动画的制作方法、图形转场的方法

本例制作的动画的静帧图如图12-88所示。

图12-88

12.3.1 流体飞散效果

01 新建一个合成，并将其命名为"栏目包装"。按快捷键Ctrl＋Y新建一个纯色图层，设置"颜色"为黄色（R:252,G:227,B:9），如图12-89所示。

图12-89

02 执行"效果>模拟>CC Mr.Mercury"命令为纯色图层添加液体效果。在"效果控件"面板中，设置Birth Rate(出生率)为4.5，可以看到画面中产生了有液体效果，如图12-90所示。

图12-90

03 Producer(生成)属性用于设置液体生成器的位置。将时间指示器移动到第0秒处，并设置Producer为(-160，-40)，然后激活该属性的关键帧，如图12-91所示。

图12-91

04 一边移动时间指示器，一边在"合成"面板中移动液体生成器，使液体沿着生成器移动的路径生成，如图12-92所示。

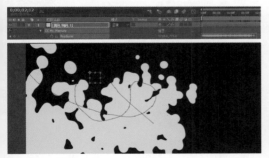

图12-92

05 液体在运动的过程中过于分散，因此设置Resistance(阻力)为100，增大液体在生成过程中的阻力，使液体不过于分散，如图12-93所示。

图12-93

06 为了减少下落的液体，设置Gravity(重力)为0.1，Blob Death Size(粒子终止尺寸)为0.5，使液体在液珠更小时就消失。将Radius X(x轴半径)和Radius Y(y轴半径)设置为0，缩小液体产生的范围，将Longevity(sec)[寿命(秒)]设置为1，缩短液体的持续时间，如图12-94所示。

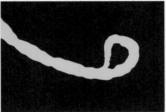

图12-94

07 将时间指示器移动到第1秒15帧处，激活Birth Rate(出生率)属性的关键帧，然后按U键调出激活了关键帧的属性。再将时间指示器移动到第1秒24帧处，并设置Birth Rate(出生率)为0，使液体路径的终点为画面的中心，如图12-95所示。

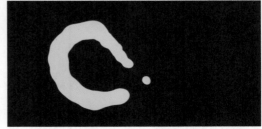

图12-95

08 根据最后呈现的效果，设置Blob Death Size（粒子终止尺寸）为0.2，液体让流动状态更明显，如图12-96所示。

图12-96

09 新建一个纯色图层，同样为其添加CC Mr.Mercury效果，并设置Birth Rate（出生率）为10，如图12-97所示。

图12-97

10 将时间指示器移动到第2秒4帧处，然后激活 Birth Rate（出生率）属性的关键帧。将时间指示器移动到第1秒23帧处，并设置Birth Rate（出生率）为0，如图12-98所示。

图12-98

12.3.2 多边形出现效果

01 使用"多边形工具"◎在"黄色 纯色2"图层中绘制一个图12-99所示的三角形蒙版。

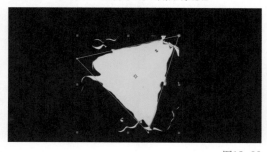

图12-99

02 执行"效果>风格化>毛边"命令，为三角形蒙版添加"毛边"效果，并设置"边界"为20，如图12-100所示。

图12-100

03 选择"黄色 纯色2"图层，按快捷键Ctrl+D创建一个副本，并删除副本的CC Mr.Mercury和"毛边"效果，效果如图12-101所示。将时间指示器移动到第3秒18帧处，按S键调出"缩放"属性，并设置该属性值为（120,120）%，同时激活其关键帧，如图12-102所示；将时间指示器移动到第2秒20帧处，并设置"缩放"为（0,0）%，如图12-103所示。

图12-101

图12-102

图12-103

04 选中两个关键帧，按F9键将其转换为缓动关键帧，然后进入"图表编辑器"，将"缩放"属性的值曲线调整为图12-104所示的状态。

图12-104

05 退出"图表编辑器",然后将时间指示器移动到第3秒18帧处,同时选择"黄色 纯色1"图层和"黄色 纯色2"图层,按快捷键Alt +]调整图层的出点,如图12-105所示。

图12-105

06 全选3个纯色图层,单击鼠标右键并选择"预合成"选项,将其合并到一个预合成中,并将生成的预合成重命名为"三角"。执行"效果>生成>填充"命令为三角形填充颜色,并设置"颜色"为黄色(R:255,G:245,B:9);执行"效果>透视>投影"命令为三角形添加投影,并设置"不透明度"为80%,"距离"为30,如图12-106所示。

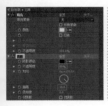

图12-106

07 新建一个纯色图层,并设置"颜色"为青蓝色(R:129,G:208,B:216),然后将其放置在合成的底层作为背景,如图12-107所示。

图12-107

08 使用"星形工具"绘制图12-108所示的多边形,并设置"填充颜色"为淡蓝色(R:86,G:199,B:213),"描边宽度"为0像素。

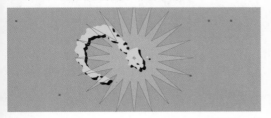

图12-108

09 选择"三角"合成,按S键调出"缩放"属性。将时间指示器移动到第3秒14帧处,单击左侧的秒表按钮激活其关键帧,如图12-109所示;将时间指示器移动到第3秒23帧处,并设置该属性值为(78,78)%,如图12-110所示。

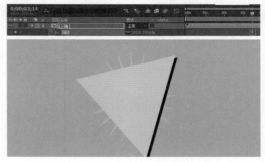

图12-109

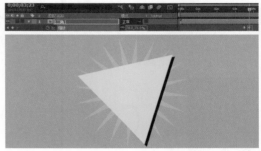

图12-110

10 选择"形状图层1",按S键调出"缩放"属性。将时间指示器移动到第3秒14帧处,单击左侧的秒表按钮激活其关键帧,如图12-111所示;将时间指示器移动到第3秒处,并设置该属性值为(0,0)%,如图12-112所示。按R键调出"旋转"属性,然后按住Alt键并单击"旋转"属性左侧的秒表按钮,在表达式文本框中输入time*20,使多边形随着时间旋转。

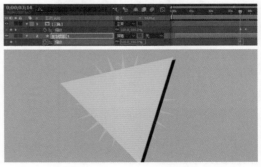

图12-111

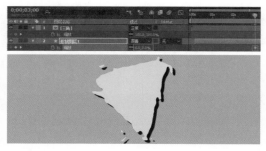

图12-112

12.3.3 文字动画效果

01 使用"横排文字工具"**T**创建点文本，切换至文字编辑模式后输入"栏目包装"。在"字符"面板中设置"设置字体大小"为238像素，"设置描边宽度"为16像素，"填充颜色"和"描边颜色"分别为暗红色（R:241,G:113,B:170）和暗紫色（R:39,G:20,B:42）；按R键调出"旋转"属性，并设置该属性值为 –8°，如图12-113所示。

图12-113

02 单击文字图层右侧的"动画"按钮 并选择"旋转"命令为其添加动画制作器，如图12-114所示。

图12-114

03 单击"动画制作工具1"右侧的"添加"按钮 ，并选择"属性>缩放"命令为动画制作器添加"缩放"属性，如图12-115所示。

图12-115

04 单击"动画制作工具1"右侧的"添加"按钮 ，并选择"选择器>表达式"命令为其添加表达式控制，如图12-116所示。

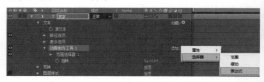

图12-116

05 在添加了带有"数量""缩放""旋转"属性的控制器后，设置"缩放"为（0,0）%，"旋转"为（0x–70°），然后激活"数量"属性的表达式，在表达式文本框中输入以下内容，如图12-117所示。

```
t = (time - inPoint) - 0.08*textIndex;
if (t >= 0){
  freq =2;
  amplitude = 100;
  decay = 8.0;
  s = amplitude*Math.cos(freq*t*2*Math.PI)/Math.
exp(decay*t);
  [s,s]
}else{
  value
}
```

图12-117

06 执行"效果>透视>投影"命令为文字图层添加投影效果，并设置"阴影颜色"为黑灰色（R:39,G:20,B:42），"不透明度"为100%，"方向"为（0x+216°），"距离"为16，如图12-118所示。

图12-118

07 选择文字图层，按快捷键Ctrl+D创建一个副本，并设置"设置字体大小"为150像素，"填充颜色"为土黄色（R:205,G:138,B:72），然后展开"文字2"图层的属性，设置"距离"为3，如

图12-119所示，最后调整新建立的文字图层的持续时间条、位置和入点位置，如图12-120所示。

图12-119

图12-120

08 使用"矩形工具" ■绘制一个矩形，并设置"旋转"为（0x -9°），"填充颜色"为黑灰色（R:39,G:20,B:42），"描边宽度"为0像素，效果如图12-121所示。

图12-121

09 执行"效果>过渡>线性擦除"命令，将时间指示器移动到第3秒处，设置"擦除角度"为（0x -100°），"过渡完成"为37%，并激活"过渡完成"属性的关键帧，如图12-122所示；将时间指示器移动到第2秒22帧处，设置"过渡完成"为100%，如图12-123所示。

图12-122

图12-123

10 按快捷键Ctrl + Shift + Alt + Y创建一个空对象图层，将除背景图层外的其他所有图层都设置为空对象图层的子级，如图12-124所示。

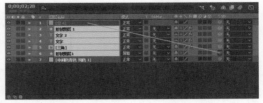

图12-124

11 选择[空4]图层，按P键调出"位置"属性，然后激活它的表达式，在表达式文本框中输入wiggle(2,20)，如图12-125所示。

图12-125

12 导入本书学习资源中的"素材文件>CH12>综艺节目动画>花纹.png、音符1.png、音符2.png、音符3.png、噪点.png"文件，将"噪点.png"文件添加到合成中并将其放置在顶层，效果如图12-126所示。

图12-126

⑬ 将"音符1.png""音符2.png""音符3.png"文件拖入合成中,如图12-127所示,为其设置简单的缩放动画,如"音符1.png"图层的动画关键帧如图12-128所示。

图12-127

图12-128

⑭ 将"花纹.png"素材添加到合成中,并将其放置在"三角"合成的下一层。选择"三角"合成,然后创建一个副本,并将其放置在"花纹.png"图层的下一层,设置"花纹.png"图层的轨道遮罩为Alpha,如图12-129所示。

图12-129

⑮ 创建一个空对象图层,将3个音符图层都设置为空对象图层的子级;然后选择新建立的空对象图层,按P键调出"位置"属性,并激活它的表达式,在表达式文本框中输入wiggle(2,30),如图12-130所示。

⑯ 对各个图层的出现时间和关键帧的时间进行调整,如图12-131所示。

图12-130

图12-131

⑰ 单击"播放"按钮▶,观看制作好的栏目包装动画,该动画的静帧图如图12-132所示。

图12-132

12.4 扁平MG动画

素材位置	素材文件 >CH12>04
实例位置	实例文件 >CH12> 扁平 MG 动画
视频名称	扁平 MG 动画 .mp4
学习目标	掌握扁平风格动画的制作方法、元素转场的方法

本例制作的动画的静帧图如图12-133所示。

图12-133

12.4.1 进入转场

01 新建一个合成，并将其命名为"扁平MG动画"。导入本书学习资源中的"素材文件>CH12>04>飞机.png、云1.png、云2.png、云3.png、云4.png和云5.png"文件，并将其拖入合成中作为图片图层，如图12-134所示。

图12-134

02 选择"飞机.png"图层，并激活"独奏"功能，使画面中只显示该图层；然后按S键调出"缩放"属性，设置该属性值为（30,30）%，如图12-135所示。

图12-135

03 使用"锚点工具" 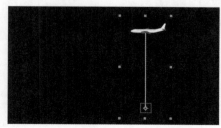将"飞机.png"图层的锚点拖曳到支杆的底部，如图12-136所示。

图12-136

04 调整好锚点的位置后，将"飞机.png"图层的"缩放"属性值还原到（100,100）%，然后取消激活的"独奏"功能。对5个云图层进行操作，即将所有图层的锚点拖曳到支杆的底部或顶部，如图12-137所示。

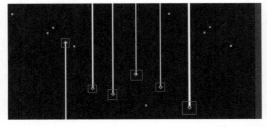

图12-137

05 激活各个图层的"3D图层"属性，如图12-138所示。

图12-138

06 选择"飞机.png"图层，按P键调出"位置"属性，并设置该属性值为（1500,2300,0），效果如图12-139所示。

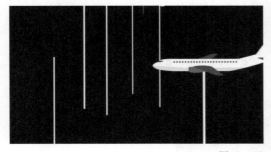

图12-139

07 按照与步骤06相同的方法设置"云1.png"~"云5.png"的"位置"属性，属性值分别为（570,-760,0）（1580,1950,-1000）（400,1400,-700）（1000,1400,650）（1200,170,650），如图12-140所示。

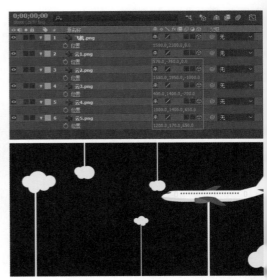

图12-140

08 将时间指示器移动到第0秒处，然后全选图层，在"时间轴"面板的图层查找栏中输入Z，显示所有图层的"Z轴旋转"属性，并设置该属性值为（0x+15°）或（0x-15°）（支杆在顶部的图层为逆时针旋转15°，支杆在底部的图层为顺时针旋转15°），使所有的支杆向右偏，制作出进场的效果，如图12-141所示。

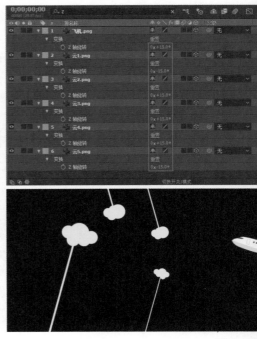

图12-141

09 激活所有图层的"Z轴旋转"属性的关键帧，然后将时间指示器移动到第1秒20帧处，并设置所有图层的"Z轴旋转"为（0x+0°），最后选中所有关键帧，按F9键将其转换为缓动关键帧，如图12-142所示。

图12-142

10 选择"飞机.png"图层的"Z轴旋转"属性，然后进入"图表编辑器"，这时显示的是"Z轴旋转"属性的值曲线，如图12-143所示。

图12-143

11 调节曲线两端的手柄，使曲线的左侧快速下降，使曲线的右侧先缓慢下降，中途低于稳定值，最后返回稳定值，如图12-144所示。按照同样的方式，对其余5个图层的值曲线进行相似的调整。

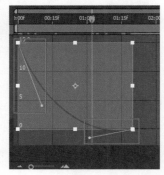

图12-144

12 使用"横排文字工具" T在画面的左下方创建点文本，切换至文字编辑模式后输入"扁平MG动画"，然后激活文字图层的"3D图层"属性，如图12-145所示。

图12-145

13 按快捷键Ctrl + Shift + Alt + C创建摄像机图层，并使用默认参数；按快捷键Ctrl + Shift + Alt + Y创建空对象图层。将"摄像机1"图层的"父级"设置为新创建的空对象图层，然后将时间指示器移动到第1秒处，激活空对象图层的"3D图层"属性；接着按P键调出空对象图层的"位置"属性，并激活其关键帧，如图12-146所示。

图12-146

14 将时间指示器移动到第0秒处，并设置空对象图层的"位置"为（-800,540,800），这时显示为图12-147所示的画面。框选空对象图层的两个关键帧，按F9键将其转换为缓动关键帧，如图12-148所示。

图12-147

图12-148

15 全选图层，然后单击鼠标右键并选择"预合成"选项，将其合并到一个预合成中，并将生成的预合成重命名为"飞机"，如图12-149所示。

图12-149

16 进入转场动画的效果如图12-150所示。

图12-150

12.4.2 片头转场

01 新建一个合成，并将其命名为"转场"。使用"钢笔工具" 并按住Shift键在"合成"面板中绘制一条直线，同时不使用填充，如图12-151所示。

图12-151

02 展开"形状图层1>内容>形状1"，单击"添加"按钮 并选择"修剪路径"命令。将时间指示器移动到第0秒处，设置"开始"和"结束"均为0%，同时激活这两个属性的关键帧，如图12-152所示；将时间指示器移动到第1秒处，设置"开始"和"结束"均为100%，如图12-153所示。

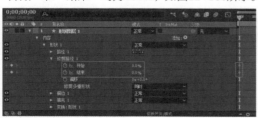

图12-152

图12-153

03 选中"结束"属性的两个关键帧，并将其向右拖曳3帧，如图12-154所示。选择所有关键帧，按F9键将其转换为缓动关键帧，如图12-155所示。

图12-154

图12-155

04 进入"图表编辑器"，分别编辑"开始"和"结束"属性的值曲线，调整曲线左侧的手柄，使曲线快速上升，如图12-156所示。

图12-156

05 单击"添加"按钮 并选择"Z字形"命令，使绘制的形状具有"锯齿"效果，然后将其移动到"修剪路径1"的上一层，并设置"大小"为10，"每段的背脊"为3，"点"为"平滑"，如图12-157所示。

图12-157

06 修改形状的描边属性，设置"描边宽度"为11，"线段端点"为"圆头端点"，如图12-158所示。

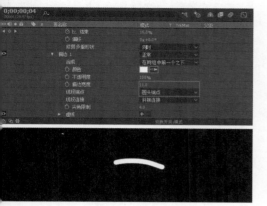

图12-158

07 按快捷键Ctrl+D创建多个副本，然后调整每个副本的位置、线段长度和描边宽度，丰富画面的元素，最后为所有图层应用运动模糊效果，如图12-159所示。

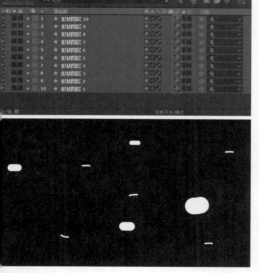

图12-159

08 全选形状图层，单击鼠标右键并选择"预合成"选项，将其合并到一个预合成中，并将生成的预合成重命名为"线"，如图12-160所示。

图12-160

09 新建一个纯色图层，并设置"名称"为"背景"，"颜色"为浅绿色（R:208,G:230,B:156），将其放置在合成的底层，效果如图12-161所示。

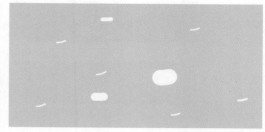

图12-161

10 创建两个"背景"图层的副本和一个"线"合成的副本，然后按图12-162所示的顺序进行排列，并设置两个"线"合成的轨道遮罩为Alpha，如图12-162所示。

图12-162

11 使用"矩形工具" ■在"合成"面板中绘制一个矩形，并设置"描边宽度"为0像素，"填充颜色"为浅红色（R:252,G:136,B:123），如图12-163所示；绘制一个与第1个矩形大小相同的矩形，并设置"填充颜色"为浅黄色（R:225,G:221,B:149），如图12-164所示。

图12-163　　　　　　　图12-164

12 按快捷键Ctrl+Shift+Alt+Y创建空对象图层，并将其重命名为F1，然后将形状图层的"父级"均设置为空对象图层，如图12-165所示。

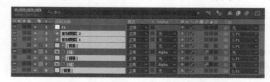

图12-165

13 将时间指示器移动到第0秒处，按P键调出F1图层的"位置"属性，并设置该属性值为（-1000,540），激活它的关键帧，如图12-166所示；将时间指示器移动到第4秒处，并设置该属性值为（2900，540），如图12-167所示；全选关键帧，然后按F9键将其转换为缓动关键帧。进入"图表编辑器"，调整手柄修改速度曲线的形状，如图12-168所示。

图12-166

图12-167

图12-168

14 退出"图表编辑器"，然后选择"形状图层1"和"形状图层2"，并按快捷键Ctrl＋D创建副本，如图12-169所示。

图12-169

15 将时间指示器移动到第2秒处，将"形状图层3""形状图层4"移动到画面的左侧，如图12-170所示。

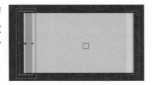

图12-170

16 单击F1图层的"位置"属性的"在当前时间添加或移除关键帧"按钮，然后进入"图表编辑器"的速度图表界面。拖曳中间的关键点，使其高度到0，并调整手柄，使速度曲线变为图12-171所示的形状。

图12-171

17 选择F1图层，按S键调出"缩放"属性，并设置该属性值为（120，120）%，同时调整"位置"

属性的两个关键帧的值，使动画在开始和结束时的画面均为空，如图12-172所示。

图12-172

18 片头转场的动画效果如图12-173所示。

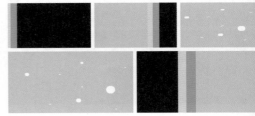

图12-17

12.4.3 运动模糊

01 开启所有图层的运动模糊开关，并单击"时间轴"面板中的"运动模糊"按钮，如图12-17所示。

图12-17

02 选择底层的"线"合成，然后执行"效果模糊>CC Radial Blur"命令为"线"合成添加阴影。在"效果控件"面板中，设置Type（类型）为Fading Zoom（渐变缩放），Amount（数量）为100，Quality（质量）为100，Center（中心）为（492，-72），如图12-175所示。

图12-17

03 执行"效果>生成>填充"命令为阴影填充颜色。在"效果控件"面板中，设置"颜色"为黑色，"不透明度"为50%，如图12-176所示。

图12-176

04 执行"效果>模糊>快速模糊"命令对阴影进行模糊处理。在"效果控件"面板中，设置"模糊度"为15，如图12-177所示。

图12-177

05 在"项目"面板中找到现在的"转场"合成，将其拖入"飞机"合成中，如图12-178所示。

图12-178

06 由于我们制作的转场是从左向右切换的，与飞机的运动方向相反，因此我们需要对其方向进行调整。选择"转场"合成，按S键调出"缩放"属性，然后取消比例约束，设置该属性值为（-100，100）%，如图12-179所示。

图12-179

07 选择"飞机"合成，按快捷键Ctrl+D创建一个副本，为底层的"飞机"合成添加与步骤02~步骤04相同的效果，如图12-180所示。

图12-180

> ⚠ **技巧与提示**
>
> 除此之外，我们还可以直接从"转场"合成的"线"合成中将3个效果复制并粘贴过来。

08 按快捷键Ctrl+Y创建一个纯色图层作为背景，并设置"名称"为BG，颜色使用任意一种即可，将该图层放置在底层，如图12-181所示。

图12-181

09 执行"效果>生成>梯度渐变"命令，并设置"渐变起点"为（700，-100），"起始颜色"为淡紫色（R:205,G:171,B:217），"渐变终点"为（2000，1200），"结束颜色"为青色（R:140，G:255,B:235），如图12-182所示。

图12-182

10 将"飞机"合成的图层持续时间条向右拖曳到第2秒20帧处，使画面运动更加合理，如图12-183所示。

图12-183

⓫ 双击"飞机"合成，为除摄像机图层和空对象图层外的所有图层开启运动模糊开关，并单击"运动模糊"按钮 🖌，然后返回到"扁平MG动画"合成中查看效果，如图12-184所示。

图12-184

⓬ 对各个图层的出现时间和关键帧进行调整，读者需要反复调整和查看效果。这里转场动画中的浅绿色背景部分运行了约2秒，调节"线"合成中的关键帧位置并在"图表编辑器"中重新调节值曲线的形状，使"线"合成的持续时间与浅绿色背景部分的存在时间更加匹配。

> ⓘ **技巧与提示**
>
> 为了便于调节，可以将"形状图层1"～"形状图层9"的"开始"和"结束"属性动态链接到"形状图层10"的"开始"和"结束"属性上，从而只调整"形状图层10"的"开始"和"结束"属性值就可以对所有的形状图层进行调节，如图12-185所示。
>
>
>
> 图12-185

⓭ 单击"播放"按钮 ▶，观看制作好的扁平MG动画，该动画的静帧图如图12-186所示。

图12-186

12.5 课后习题

为了帮助读者巩固前面学习的知识，下面安排了两个课后习题供读者练习。

12.5.1 课后习题：制作聊天视频合成

素材位置	素材文件 >CH12>05
实例位置	实例文件 >CH12> 课后习题：制作聊天视频合成
教学视频	课后习题：制作聊天视频合成 .mp4
学习目标	掌握视频合成的方法

本习题需要制作聊天的文字和视频两个合成，然后将其合成在一个画面中，效果如图12-187所示。

图12-187

12.5.2 课后习题：制作栏目片尾

素材位置	素材文件 >CH12>06
实例位置	实例文件 >CH12> 课后习题：制作栏目片尾
教学视频	课后习题：制作栏目片尾 .mp4
学习目标	掌握栏目片尾的制作方法

栏目片尾在栏目包装中比较常见。本习题运用一个演播室素材制作栏目片尾，需要合成主持人和背景视频，效果如图12-188所示。

图12-188